智慧农林理论与大数据应用丛书

都市农业采收机器人

杨其长 马 伟 著

URBAN
AGRICULTURAL HARVESTING
ROBOTS

中国林业出版社
China Forestry Publishing House

内容简介

本书是作者多年来在农业采收机器人领域的理论研究和实践创新成果的系统研究与总结。作者利用自身的交叉学科背景，组织中国农业科学院都市农业研究所多个创新团队和相关合作企业，在国家与省部级重点项目的支持下，通过产学研一体化深度合作，以粮、果、菜和菌等作物为对象，系统开展农业采收机器人的工艺技术创新和装备研发，并通过实用化验证、产品化创制和产业化应用，证实了采收机器人在生产上应用的可行性。

本书共分为六章，第一章重点介绍采收机器人研究背景、产业现状、存在问题及发展方向；第二章主要介绍水稻和油菜收获机器人，以及无人机估产系统等主粮作物机械化研究进展；第三章阐述了茶叶和柑橘等丘陵地区园艺作物采收机器人研究进展，以及园艺估产系统的开发与应用；第四章介绍了番茄与生菜采收机器人研究进展，以及自动化估产系统的实际应用；第五章重点介绍筛选式食用菌采收机器人和无差别食用菌收获机器人的系统研发，以及智能化估产方法的应用；第六章重点介绍未来采收机器人的发展方向与趋势，并对如何推进采收机器人产业化发展提出了具体建议。为便于广大读者阅读，本书选用了大量原理图片和实用场景照片，图文并茂，通俗易懂，同时还增添了不少故事性和趣味性描述，希望尽可能打造沉浸式的阅读氛围，将读者带入研究和应用场景的真实环境中。本书是一本深入浅出的农业采收机器人知识读本，理论与应用实践相结合，不仅能为广大科教单位的同行和学生提供了解行业动态的有益参考，而且也能为政府管理部门和企业研发人员提供一定的帮助。

图书在版编目（CIP）数据

都市农业采收机器人 / 杨其长，马伟著 . -- 北京 : 中国林业出版社，2023.2（2023.2 重印）
ISBN 978-7-5219-2036-9

Ⅰ . ①都… Ⅱ . ①杨… ②马… Ⅲ . ①服务用机器人 Ⅳ . ① TP242.3

中国版本图书馆 CIP 数据核字 (2022) 第 254456 号

责任编辑：李春艳
封面设计：刘临川
责任校对：张　华

出版发行：中国林业出版社
　　　　（100009，北京市西城区刘海胡同 7 号，电话 83223120）
电子邮箱：cfphzbs@163.com
网址：www.forestry.gov.cn/lycb.html
印刷：河北京平诚乾印刷有限公司
版次：2023 年 2 月第 1 版
印次：2023 年 2 月第 2 次
开本：710mm×1000mm 1/16
印张：9.5
字数：165 千字
定价：78.00 元

目 录
CONTENTS

第一章

绪 论

第一节　研究背景

　　农业为经济社会发展提供基础资源，为人类提供不可或缺的健康食物。农业生产经过漫长的历史阶段，从最初的刀耕火种，发展到耕牛扶犁，再到全程机械，随着农业生产方式的不断发展，生产效率得到成倍的增长。

　　从 20 世纪 90 年代开始，精准农业出现并蓬勃发展，该技术主要原理是根据农田差异和作物的需求精准地供给养分，通过节约化肥、农药等农资的投入实现增产和稳产。如今随着全球进入信息时代，智慧农业取代精准农业开始成为新的农业发展前沿，农业生产将变得更加智慧化、更加关注消费者的沉浸式消费，更加注重全方位实现机器换人，达到解放劳动力的目的。

　　智慧农业皇冠上的明珠就是农业机器人（赵春江，2019）。农业机器人的研究目标就是用机器人代替人完成繁重的农业生产，同时可进行普通农业机械无法完成的较为精细化的农事活动。采收环节是整个农业生产中对经济收入影响最为关键的环节，已成为国内外学者研究的焦点。

　　高效精准生产，迫切需要农业机器人解决劳动力短缺的瓶颈问题，农业机器人已逐步成为全球科技竞争的焦点（罗锡文，2013）。

　　我国的农业机器人研究起步较晚，但是该领域的科学研究在诸多关键技术上取得了重要突破，其成果应用范围非常广泛，在主粮、水果、蔬菜、食用菌等多个应用场景形成了一定的产业影响力，对于保障我国核心装备国产化和农业可持续发展具有重要意义，为我国农业现代化提供了科技支撑。

第二节 产业现状

一、主粮收获机器人现状

主粮收获机器人指用于小麦、玉米和水稻等粮食的无人收获机器人，即采用无人机估产、自动导航收获和自动计产等的关键技术（李莉，2022），全面提升收获环节的实用性和观赏性，采用智能化装备打造农业丰收、装备协同农业生产场景，改造传统收获机实现无人收获，获取每个经纬度坐标的产量数据，展现粮油丰收产量地图，构建收获计产精准作业的技术体系，确保粮食颗粒归仓。

在应用层面上，国内的产业应用初具规模。河北、河南等地已建成并运行小麦智慧农场，在降低劳动力成本、提高产量方面收效显著，培养了大批基层人才；四川、贵州等地已建设水稻无人农场，初步开展示范性生产，对水稻的收获等环节开展无人化探索（图1-1）；黑龙江等地已针对玉米建成智慧农场示范基地，开始探索全程机械化、无人化，构建玉米主粮精准生产技术体系。

图1-1 作者构建的丘陵地区水稻无人收获示意图

丘陵地区因为气候适宜，一直是优质水稻重要生产基地，培育了多个水稻优良品种，为我国粮食生产做出了突出贡献。但丘陵地区由于受到地形限制，粮油生产的全程机械化一直存在难题，尤其是水稻、油菜的无人收获，需要解决运输、转场和作业场地狭小等问题，研制作业灵活、模块化的收获机器人成为迫切需要解决的问题（图1–2）。图1–3是丘陵地区水田收获机器人作业场景。

图1-2　作者构建的丘陵地区油菜无人收获示意图

图1-3　作者构建的丘区水田收获机器人作业场景

西方发达国家的智慧农场主要聚焦在高效率、大型化和低成本，这是由于人工成本高昂带来的必然结果（王振忠，2022）。在收获机器人研究方面，日本研制了水稻收获机器人，实现小块水稻田的无人收获。

二、水果采收机器人现状

水果采收机器人由于自身特点，采摘系统的研制面临多个难题：一是水果采摘作业对象娇嫩，形状多样，个体之间差异大，采收机器人研制需要解决机械结构、传感识别和精准控制等难题；二是靶标水果的分布随机，且受到树枝和树叶的遮挡，需要解决视觉定位和机械手避障的难题；三是作业环境的非结构化，环境条件随着季节、天气和光线变化，需要解决智能系统知识推理和判断的难题。目前世界各国研究的水果收获机器人主要包括苹果采摘机器人（图1-6）、柑橘采摘机器人（图1-4）、猕猴桃采摘机器人（图1-5）等。采用动态环境下果实精准识别及追踪定位、柔性末端采摘器和机械臂高效控制策略与算法等关键技术，实现"快、准、柔"的采摘作业效果（黄梓宸，2022）。

图1-4　柑橘采摘机器人

图 1-5 猕猴桃采摘机器人

图 1-6 苹果采摘机器人

以研究最为热门的苹果采摘为例。苹果是我国种植面积和产量最大的水果品种，2020 年种植面积已超过 3000 万亩[*]，年产量达 4100 万 t，种植面积和产量均占世界总水平的 50% 以上。统计数据表明，人工成本占据苹果生产总成本的比

---

[*] 1 亩 ≈ 667m²，全书同。

例高达 66.7%，其中采收环节约占苹果生产劳动力投入的四分之一。当前我国多个苹果主产区采收作业主要依靠人工完成，一方面，作业效率低、劳动强度大、季节特征明显，且攀爬作业方式存在坠落和被树枝划伤风险；另一方面，人工采收成本居高不下，严重阻碍了苹果产业的发展。然而，随着城镇化发展，农村劳动力短缺和人口老龄化加剧等问题将使低效、高成本的人工收获方式难以为继，智能化与自动化苹果采摘已成为现代果园发展的必然要求。

早期苹果收获机械多为半自动收获机（也称批量收获技术），借助机器产生的外部激励将果实从树枝上分离出来。然而，苹果机械化收获常用的振动法、梳刷法、棒压法和气吹法在实践过程中易造成较高的果实损伤率，无法适用于鲜食苹果的采收。20 世纪 80 年代以来，多信息融合技术、图像处理算法以及微型计算机的发展，使得苹果采收机器人成为研究热点。通过集成视觉等传感器融合系统、信息传输处理模块和伺服控制系统，机器人可以自主完成果实识别与定位、采摘和放置等动作，智能化程度高，能有效代替人工完成鲜果采摘。此外，机器人可以 24h 连续作业，在降低企业人工成本的同时提高作业效率，因此这种方式完全满足现代果园集约化、数字化和智能化的发展要求，是苹果高效采摘的主要发展趋势。

目标果实的精准识别是苹果采摘机器人研究的关键所在，其准确性、实时性直接影响伺服系统的性能，进而制约采摘效率。目标果实的识别多借助单目彩色视觉功能，且以彩色图像的分割为前提。其中，实时性较好的是 Otsu 自动阈值法和基于颜色特征聚类的图像分割算法。马晓丹等（2013）结合量子遗传算法和模糊神经网络建立一种组合算法，该算法具有全局搜索和自适应能力，对于光照不均的果实识别率可达 96.86%，耗时 1.72s。Kelman 等（2014）通过对果树图像的凸性检测，确定苹果边缘，并利用最小二乘约束机制进行三维建模，识别正确率可达 94%，但处理时间约需要 2min，实时性较差。Wachs 等（2010）利用红外图像和彩色图像两种形式的最大交互信息来提取高、低两级的视觉特征，从而在果树树冠前景中检测出"绿色"苹果，两种特征的识别率分别可达 54% 和 74%。

苹果在自然状态下生长姿态多变，加之采摘机器人作业角度不同，致使一些果实易受遮挡而显示不全，这给机器人识别带来挑战。徐越等（2015）提出一种 Snake 模型和角点检测相结合的重叠苹果目标分割方法，对 20 幅重叠苹果进行分割时的平均误差为 6.41°。王丹丹等（2015）先利用 K-means 聚类分割方法提取目标果实区域，然后基于 Ncut 算法提取目标果实的轮廓，最后通过 Spline 插值方法对其轮廓重建，试验结果表明该方法分割误差和重合度均值分别为 5.24% 和

93.81%。上述方法对于轻微重叠或遮挡的果实处理效果较好，然而对于重叠面积较大的果实识别精度依旧偏低。

动态果实识别是苹果采摘机器人研发中的另一难题。在实际作业过程中，由于外界风吹或机械手碰撞等扰动，造成目标果实的振荡，进而影响目标果实的识别。吕继东等（2014）人通过图像间的相互关联信息来缩小待处理区域，利用优化的模板匹配算法对图像进行跟踪识别，平均处理时间为 0.74s，时间缩短了36%。为提高振荡果实识别精度，有学者通过提取二维质心坐标进行 FFT 建模，求取振荡周期和测量振荡果实的深度距离，最后计算苹果采摘机器人直动关节的行程速度，该策略采摘成功率可达 84%。

文献中苹果识别方法主要包括 K-means、支持向量机（SVM）、人工神经网络（ANN）和其他基本图像处理算法，如 Ostu、决策树、随机森林、阈值分割和霍夫变换。这些经典机器视觉方法必须依靠人工筛选对象的特征，但在农田复杂环境中，光照条件、苹果物理特性、数据采集距离等，因素的不确定性增加了特征筛选的难度，进而影响算法的鲁棒性和泛化性。近年来，基于深度学习的计算机视觉已被证明可以有效解决农田环境中干扰因素的问题，可以快速准确地识别靶标作物。该技术基于海量原始数据和具有多个隐藏层的神经网络结构，可实现自主学习，识别速度更快，同时避免了人工特征筛选带来的干扰。赵启辉（2013）提出了一种基于 R-CNN 和 Dense Net169 网络的叶片水分胁迫分类方法，模型的识别准确率达到 94.68%。王铁伟等（2020）提出一种基于 Faster R-CNN 的冬枣成熟度识别方法，其果实平均识别准确率高达 98.50%，该方法性能优于YOLOv3。在另一些报道中，深度学习还被用来对不同的水果、植物器官和小样本数据进行分类，被证明检测速度更快，实时性能更好。

类似于苹果采摘研究，柑橘、猕猴桃以及其他水果采收的研究现状都具有类似性。大体上围绕图像识别算法、精准识别定位以及机械臂等方面，不再一一赘述。

三、蔬菜采摘机器人现状

蔬菜采摘机器人包括生菜采摘机器人、番茄采摘机器人等，采用机器视觉、柔性采夹一体化和深度学习识别等技术，实现生菜整棵完整采摘、番茄整串精准采摘等功能，构建无人化的蔬菜采摘技术体系。

机械手是果蔬精准采摘的重要手段之一。蔬菜工厂化生产中的采摘机械手作为重要的执行装置得到了广泛的应用。尤其是机械手在采摘成串的番茄、黄瓜、甜椒等作物的精准装备开发上，已经取得一系列关键技术突破。采摘精度和速度都在不断提升，如何通过进一步提升采摘精度和速度以便满足植物工厂流水线高速生产需求，是当前急需解决的主要难题。多机械手协同作业通过时间、空间和动载的有序划分和配合，成倍地增加作业效率，实现精度和速度的全面提升。

采收机器人作为智能作业平台在植物工厂中发挥重要作用，其搭载了机械手并为机械手提供空间位置信息和控制信号，如何实现采收机器人和植物工厂作物之间的"农机农艺融合"，是一个需要解决的关键问题。

黄瓜采摘机器人的研究起步较早。1996—2002 年，荷兰的瓦赫宁根大学的采摘机器人研发团队在荷兰农业部的资助下，首次完成黄瓜采摘机器人研发，该机器人采用图像识别区分黄瓜果实和叶片，特征波长为 850nm，实现黄瓜的成功采收（图 1–7）。中国农业大学以商用履带式平底盘为基础，开发 4 自由度关节型机械臂和夹剪一体式两指气动式末端执行器，每一果实采摘平均耗时为 28s，采摘成功率为 86%。黄瓜采摘存在的问题是采收精度和速度都较低，需要进一步提升。

番茄采摘机器人的研究是个热点（图 1–8）。日本针对番茄的采收装备研究很有特色，分为成串采收和单个采收两种方式。日本早在 20 世纪 80 年代初即开

图 1–7　荷兰的黄瓜采摘机器人

图 1-8 番茄采摘机器人

始了番茄采摘机器人的尝试，主要有京都大学、冈山大学、岛根大学、神奈川技术学院、大阪州立大学等高校。这些机构都推出了番茄采摘机器人样机。京都大学的川村登等最早研发了番茄采摘机器人，样机采用 0.52m/s、0.25m/s 的双速电动轮式底盘、5 自由度关节式机械臂和两指夹持器，利用单相机相对于底盘的位姿移动检测实现对果实的定位。Kondo 等（1997）开发的樱桃番茄单个采摘机器人，采摘成功率为 70%。

四、蘑菇采收机器人现状

蘑菇采收机器人包括无差别平推采收机器人、机器视觉的定点采收机器人（图 1-9）等，采用机器视觉、蘑菇定位算法和负压末端执行器等技术，实现蘑菇采收的完整性，显著降低损伤率，通过准确的采收实现蘑菇连续采收，构建蘑菇无人采收技术体系。

近年来，中国食用菌工厂化生产产业已进入了快速发展阶段。食用菌工厂化生产产业的发展改变了中国传统的食用菌生产方式，农业生产过程模式化，同时也减少了人工对于生产结果的影响，使得在不同的生产时期，食用菌生产对于智能机械化设备的要求越来越高，依赖性也越来越强。

英国对食用菌品种进行图像识别和自动化收获研究发现，蘑菇帽与周围环境差异在均匀的光照强度下十分明显，基于这种差异提出了一种蘑菇定位算法，为蘑菇采收时的图像识别和定位做出突出贡献，所以在此基础上，现在食用菌采收机器人一般主要由采收机械臂、检测相机、末端执行器、驱动底盘等组成，而蘑菇的识别是基于检测相机与机器视觉结合以锁定需采收的蘑菇（张俊，2019）。

（a）   （b）

图 1-9　基于机器视觉的双孢菇采收机器人

第三节　存在问题

都市农业产业与其他传统农业相比，属于现代农业中的新兴产业，由于近年来产业快速发展，与之配套的产业理论基础、研发能力、装备体系和产业延伸等方面存在诸多瓶颈性问题亟待突破。采收机器人作为都市农业发展的关键技术领域，存在问题更加明显，主要表现为：

一是适合我国的专业化都市农业采收机器人的作物品种类型较少。都市农业作为生物、工程、信息等多学科融合交叉学科，专业化都市农业品种优势的发挥需要精准调控的环境小气候与之匹配，采收机器人需要在都市农业特定环境作业，机械手等关键部件设计需要与品种配套，都市农业作物与人工控制环境下的交互作用机理不够明确，经常出现优良品种不适应环境、采收机器人受到外界干扰等突出问题。

二是都市农业采收机器人缺乏体系化。目前都市农业栽培和管理依靠人工，存在个人主观影响，加之当前都市农业专业从业人员数量和知识水平有待提高，当务之急是实现机器换人，用采收机器人替换人工采收。但目前采收机器人的关键技术研究不成体系，基于资源高效利用的智慧化决策系统欠缺，导致采收机器人质量差等问题。

三是都市农业采收机器人利用效率不高。都市农业采收机器人运用体系不够完善，在生产中存在与生产实际脱离的问题，全年闲置时间较长，严重制约了采收机器人产品的规模化应用。此外，产品质量可靠性不够，自动化程度偏低等问题，严重影响都市农业采收机器人产业的进一步发展。

四是智能化都市农业采收机器人国产化率低。目前专门用于都市农业的采收机器人严重缺乏，采收机器人普及率非常低，生产仍以人力为主，劳动强度大，未能有效地将人从繁重的采收劳动中解放出来。智能化和高效化专用采收机器人装备空白，采收机器人基础理论缺乏，导致该领域国产化率较低，制约了产业链的国际竞争力。

五是都市农业采收机器人的相关专业技术人才匮乏。国际上农业工程师是高收入职位，很多年轻人喜好该专业。我国尚在发展阶段，产业对人才的承载能力弱、薪水低，导致人才聚集的能力不强。和国外相比，采收机器人配套人才的培养环节严重滞后。

如果要及时、精准、高效解决以上难题，需在国家相关部门的支持下，整合国内外优势资源，建设以都市农业智能机器人装备重点实验室为代表的国际先进的公共研究平台，协同开展都市农业植物农学机理、智能装备工程机理融合等研究，探究都市农业智能机器人最前沿最核心问题，开发系列智能装备，为全球都市农业发展和人类健康提供中国技术、中国方案。

第四节　本章小结

本章从研究背景、产业现状和存在问题三个方面梳理了当前采收机器人的基本情况，从科学研究和产业发展两个维度提出了采收机器人研究和产业的瓶颈问题，明确了今后采收机器人发展的关键点。

第二章

主粮收获机器人

西南地区是我国水稻的主要产区，得益于适宜的气候条件和丰富的水资源，非常有利于水稻等主要粮食作物的生产。但由于西南地区多为丘陵山地，水稻、油菜等主要粮油作物的收获多采用人工方式，存在效率低、强度大和成本高等问题。随着城镇化的发展，农村劳动力不断往成都等大城市集中，农村地区农业劳动力短缺等问题凸显。重点发展适合丘陵地区的主粮收获机器人技术，是解决这一问题的有效途径。

第一节　水稻收获机器人

和平原不同，丘陵地区的地形限制了传统水稻收获机的规模化应用，粮食的机械化收获成为难题。在西南地区，农田以坡地为主，大多数是小块梯田，大型收获装备并不适用，发展小型装备势在必行。随着劳动力短缺问题不断凸显，采用自动化、信息化和智能化的技术手段，研发和推广小型智能收获装备，实现机器换人成为主流趋势。因此，构建面向丘陵地区的机电液一体化的精准收获作业技术体系，重点发展丘陵水稻收获机器人就成为关键环节。

一、丘陵水稻收获机平台

水稻收获机器人的开发多采用成熟的收获机平台，在平台基础上，根据所需的功能自行搭建控制系统。收获机平台从操作台的形式上，主要有操作杆式和方向盘式，如图 2-1 所示。其中操作杆式通过下方连接的多路液压阀进行转向和作业控制，控制过程复杂，出厂前预装无人导航或者后续安装无人导航系统都面临一定困难，优点是易于整合抬升多种动作。方向盘式通过下方连杆转动方式，技术非常普及，操作易学易会，安装自动导航系统也较容易。

收割机无人自动导航驾驶系统主要包括：卫星定位天线、农田车载电脑、总线电缆、转向方向盘电机（或多路液压阀）、摄像头、角度传感器、速度传感器、陀螺仪传感器以及固定万向节底座等。也可根据田间作业条件和使用需求选配一些其他的传感器，如超声波传感器、雷达传感器等。当然也可根据特殊需要自制电动部件及对应的控制电路板，完成一些特定的控制动作，例如自动卸粮等。

（a）操作杆式　　　　　　（b）方向盘式

图 2-1　作者使用的市场上成熟的收获机平台

图 2-2　作者用于搭建的无人收割系统配件

　　其中北斗卫星定位天线作为自动驾驶的位置信号来源，可实现农田空间坐标的精确定位，是无人驾驶收割机的关键装置。考虑到规避信号的遮挡问题和易于连接车载农田电脑的优势，北斗卫星定位天线多布设在驾驶位置的上方，通过一定长度的安装横梁进行固定，在系统中输入天线的安装横梁长度后，系统自动进行校准，得出收割机的准确行进坐标。目前的产品也有将传统的两个天线和接收机集成在一起的。在收获的同时，用作农田空间产量分布信息的记录。

　　农机的无人化导航系统构建一般有两种收割机平台可供选用。一种是上述的大型收割机平台，作业幅宽在 1.8 ～ 2m，喂入量为 5kg/s，发动机功率大于70kW，采用全履带结构。另一种是梯田用途的小型收获机，如图 2-4 所示，作业幅宽 1m，作业效率小于 $0.2\text{hm}^2/\text{h}$，发动机功率小于 10kW，采用全履带结构。

图 2-3　北斗卫星定位系统测试

图 2-4　用于梯田的小型收获机

对于丘陵梯田，这种窄幅宽的收获机更加实用，加装导航系统和无人化系统后，可以对梯田进行无人收获。

二、无人驾驶系统

（一）自动转向系统

目前成熟的无人驾驶系统多采用方向盘控制的方法（伍同，2018），在方向盘的下方固定电动转向控制单元，通过大扭矩电机的转动实现无人驾驶方向的控制。在后装无人自动驾驶系统时，通过多组支架组合固定转向控制单元，并在上方固定特制的方向盘，实现自动驾驶和手动驾驶两种方式同时操作，互相不受影响。这种安装方式的好处是成本低，安装方便。在紧急情况下能很方便切换到手动控制。图 2-5 是方向盘控制无人驾驶安装图。

（二）自动行走系统

行走系统采用路径预设的方法，通过预先设置 AB 线等方式确定导航行进路径，收割机行走过程中通过 GNSS 天线、车载电脑实时获取当前位置的经纬度信号，并同预设的行走路径进行匹配，综合姿态传感器等信息，计算出调整量，发

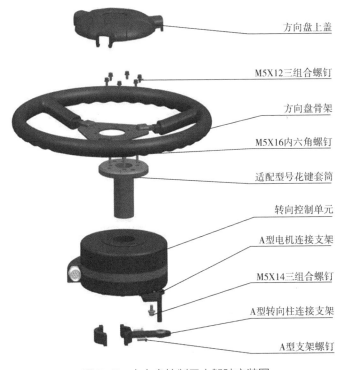

方向盘上盖

M5X12三组合螺钉

方向盘骨架

M5X16内六角螺钉

适配型号花键套筒

转向控制单元

A型电机连接支架

M5X14三组合螺钉

A型转向柱连接支架

A型支架螺钉

图 2-5　方向盘控制无人驾驶安装图

出调整信号，控制收割机按照预设的轨迹自动行走。系统通过总线可以外接摄像头、超声传感器和雷达等，为自动行走提供其他安全辅助信息。图2-6是自动行走系统结构图。

为了深入研究自动行走系统的有关工程机理，作者团队搭建了主粮收获机器人教学演示平台（图2-7），用来开展高等院校教育教学和职业培训。该系统通过铝型材搭建基础框架，直观地展示各种传感器的工作原理、外形和接线方式。能直观地看到自动控制下的四轮转向、方向盘转动，模拟拐弯的作业场景，展现主粮收获机器人的控制方法、关键技术和装备特征。结构采用螺栓紧固件连接固

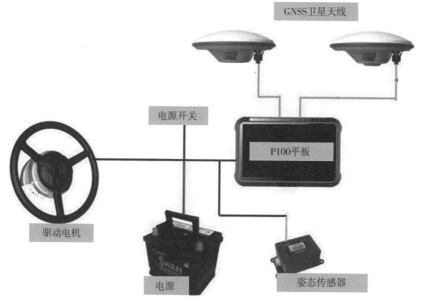

图2-6　自动行走系统结构图

图2-7　自动行走教学演示系统

定，方便拆卸和搬运。

（三）控制软件系统

控制软件采用可视化的彩色图形界面，非常直观地显示自动驾驶的信息，友好的人机界面具有更好的舒适性。软件能用来设置收割幅宽等关键参数，根据收割机的实际割台参数进行调整，可以方便地安装到其他的收割装备上。同时可进行导航路线的设定，并可实现人工驾驶和自动驾驶之间的快速切换。软件实时地将自动收割系统的行进和作业信息显示出来，并给出预警信息，有助于进行操作决策，避免出现作业安全事故（图2-8）。

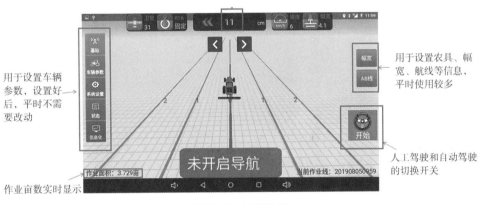

图2-8　控制软件

（四）控制算法

近年来，随着我国已步入人口老龄化社会，同时城乡一体化进程加快，大量农村青壮年劳动力进入城市务工，导致农业劳动力的不断减少，人工成本不断上升，极大地制约了我国农业经济的发展。为解决目前农业生产所面临的问题，许多高校和研究机构专注于对农业机械自动导航技术的研究工作，以提高农业机械的自动化、智能化水平。农业机械自动导航技术可以降低农机驾驶员的劳动强度，减少人力成本的投入，提高作业精度，是实现精准农业的基础。

在农业生产中，农业机械导航技术具有广泛的应用场景，在某些过程中可以替代人工操作，比如播种、施肥、喷药以及收获等环节，随着农机导航技术的逐步成熟，劳动力将大大解放。而导航信息的准确获取是实现导航的前提，目前在农机导航领域中，基于机器视觉和激光技术的应用和研究较为广泛，越来越多的专家学者开展了与此相关的算法研究，这些研究在推动农业智能化发展、完善产业结构等方面具有重要意义。

机器视觉因为获取信息丰富、实时性高、精度高以及成本低等优势，在自动导航领域占有一席之地，目前在农业机械导航领域中机器视觉导航已经成为研究重点。机器视觉导航系统对农业环境中采集的图像进行检测识别，分割出道路以及作物信息，最终提取导航基准线并将其应用于农机的路径规划以及自动控制。机器视觉导航系统研究中，主要的视觉传感器类型有单目相机、双目相机以及深度相机。表 2-1 为适用于农机导航的相机分类与对比。基于机器视觉的导航技术有导航线提取、三维视觉导航等。

表 2-1　适用于农机导航的相机分类与对比

类别	图像数据类型	优点	缺点
单目相机		结构简单、成本低、便于识别标定	无法获得深度、尺度信息
双目相机		视野范围大、双目测距可获得深度	配置与标定均较为复杂、消耗计算资源
深度相机		环境位置获取便捷	视距较窄、易受干扰

导航线提取是自动驾驶的重要技术。在农机视觉导航技术中，大多针对农业环境中行间直线行驶进行研究，其中基于 Hough 变换和最小二乘法的作物行直线检测算法被广泛应用。Astrand 等（1984）提出了一种基于 Hough 变换的植物行识别方法。该方法适应于植物的大小，能够融合两行及以上的信息，试验中导航机器人的位置标准差为 2.3cm。罗锡文等（2013）提出了基于 Hough 变化和 Fisher 准则的垄线识别优化算法，该算法提高了系统的准确性和适应性。吴刚等（2010）提出了一种改进随机 Hough 变换的直线拟合方法，该方法与传统随

机 Hough 变换相比避免了无效采样和累计问题。司永胜等（2010）在具有杂草的玉米和大豆早期作物环境中对提取的特征点进行两次最小二乘法拟合，得到作物的中心导航线，试验证明该方法可以克服杂草、作物缺失的影响，实时提取作物行。宋宇等（2017）采用最小二乘法拟合作物左右两行斜率后，估计出导航基准线，在多种环境下的检测准确率达到 90% 以上。马驰等（2021）采用最小二乘法拟合导航线，最终导航线横向偏差 5.1 像素，实际平均偏差为 0.052m。Jiang 等（2015）则提出了一种线性回归的方法对作物行进行拟合，在小麦、玉米和大豆 3 种环境下进行试验，对检测率、检测精度和处理时间进行评价，发现三项指标均优于标准 Hough 变换。随着研究的深入，韩振浩等（2021）、关卓怀等（2020）采用了基于 B 样条曲线的方法对导航线拟合，获取曲线路径的路径导航信息，该方法获得的路径较为平顺，大大提高了农业机械在不同环境中的适应性。在导航线提取方法中，基于 Hough 变换和最小二乘法的方法只能拟合出作物行最相似的直线，而农业场景中作物行大多为不规则曲线，所以曲线路径的拟合将会更加适应于农业场景。

三维视觉导航是另外一个无人驾驶的重要技术。近年来，随着双目立体视觉、RGB-D 深度相机的发展，农业机械视觉导航也逐渐开始采取三维信息感知的策略，农机立体视觉导航逐渐成为新的研究热点。Kneipfer 等（1992）对双目图像进行三维重建后，获得农业前方作物以及地面点云信息，通过三维形态特征以及地面高度差实现作物区域识别定位，最终获得可行驶区域和导航路径。张振乾等（2021）提出了一种基于双目视觉的巡检路径方法，该方法对双目图像进行二维投影、网格化，然后基于 K-means 算法将两侧作物分离，最后基于最小包围矩形提取导航路径，提取的导航路径平均横向偏差为 0.1427m。Gai 等（2021）使用 TOF 深度相机采集农田图像，并转化为三维点云，分离土壤点云，提取植被点，然后采用线性拟合获取作物行，试验表明作物行提取平均误差小于 0.036m。综上所述，单目视觉的算法原理相对简单，主要对于二维平面的颜色、纹理进行处理以提取导航信息，导航精度可达到厘米级，处理频率能达到 20Hz；而立体视觉中双目相机需要对图像进行三维重建，耗费了大量算力，所以处理速度在 1Hz 左右，远低于单目相机的处理速度，且精度只达到了分米级，还有待提升，但为颜色、纹理不明显的农业环境探究了新的导航方法；深度相机则对距离敏感，根据环境距离信息进行导航，其导航精度较高，可达厘米级，但图像处理速度在 3Hz 左右，也低于单目相机，同时具有视野窄、杂草无法分割以及测距激光易受干扰的缺点。

激光技术在农机无人驾驶中也有重要的发展前景。激光技术在远距离测量、快速反馈等方面的优点，使其在农业传感器领域占有重要的地位。目前在农业机械导航中，基于激光技术的激光雷达应用极其广泛。激光雷达，也称激光测距仪，是一种通过发射激光束来探测目标的位置、速度等信息的系统。其工作原理是发射激光信号，然后将接收到反射回来的信号与发射信号进行比较，做适当处理后，获得环境的距离、方位、高度等参数信息。表 2-2 为激光雷达的分类与对比。

表 2-2　激光雷达分类与对比

分类标准	类型	优点	缺点
测距原理	三角测距	测距短、精度高、成本低	帧率低、有效探测距离很短
	TOF 测距	有效探测距离远、抗干扰	成本高、分辨率低
维度	二维	成本低	数据信息量少
	三维	三维空间数据丰富	成本升高
扫描方式	机械型	扫描快、抗干扰、成熟	装配困难、成本高、寿命低
	Flash 型（固态）	无延迟、稳定、体积小	可探测距离短
	OPA 型（固态）	集成度高、适应性强	环境光干扰严重
	MEMS 型（类固态）	可靠性高、分辨率高	范围受微振镜面积限制、视野窄

二维激光雷达应用最为广泛。由于二维激光高效可靠的反射原理，信息量少，操作简单，非常适合测试对象单一的场所，且具有较好的经济性，但只能获取二维信息，导航的可靠性还有待提高。Oscar 等（2007）设计了一种果园自动导航系统，采用自回归方法消除了激光扫描仪的噪声，使用霍夫变换识别树行直线，根据两侧树行直线信息，获取机器人在行间的位置，并拟合出中心航线 [图 2-9（a）]，获取机器人的横向偏差和航向偏差等导航参数用于导航，试验结果表明，系统的横向误差和航向误差分别为 0.11m 和 1.5°。Santosh 等（2014）提出了一种基于粒子滤波的导航算法，来估计机器人在玉米田中的位置，并根据两侧玉米茎的分布密度拟合出行间中心线进行导航，试验结果表明，系统的航向偏差和横向偏差的均方根误差分别为 2.4° 和 0.04m。Bayar 等（2015）采用价格低廉的激光扫描仪在苹果园中进行导航，通过激光点信息进行直线方程拟合树行线，获取行间中心线，利用编码器进行航迹推算获取机器人位置，完成了行间直

线行走以及农田地头转弯，并通过试验验证了系统可靠性。Pieter 等（2019）对比了粒子滤波（PF）和卡尔曼滤波（KF）两种激光定位算法在导航机器人中的导航精度以及鲁棒性。在 PF 情况下，机器人的横向偏差平均分布在最优导航线的两侧，而在 KF 情况下，机器人倾向于向左导航。结果表明，在自主果园机器人的行导航中，采用 PF 的定位算法优于 KF 算法。

陈军等（2012）通过激光扫描果树树干，采取标准化果园行距过滤其他果树行位置，最终提取出机器人两侧果树树干的位置信息，并根据提出的曲线导航路径拟合算法，构建了以横向偏差和航向偏差为输出的模糊控制器，实现了机器人在果园曲线路径的自动导航，机器人以 0.54m/s 的速度沿正弦曲线行走，最大横向偏差为 0.40m，平均偏差为 0.12m。贾士伟等（2015）提出一种温室机器人导航方法，通过激光测距仪检测道路边缘，生成机器人期望航向，导航试验的平均横向偏差为 –1.2707cm，均方误差为 2.6772。艾长胜等（2018）利用 Kalman 滤波器结合 SVM 算法，对激光雷达数据处理获取机器人的定位，并拟合作业导航线［图 2-9（b）］。该方法拟合的导航线满足葡萄园植保机器人作业的要求。李

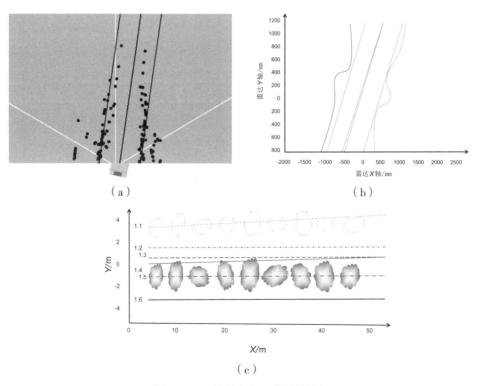

（a）

（b）

（c）

图 2-9　二维激光点云的导航线提取

秋洁等（2020）提出一种基于激光雷达的行间路径提取方法，使用二维激光雷达测量果园树干数据，提取相邻树行，采用最小二乘法拟合树行直线，提取树行中心线。试验表明车辆在自主导航时绝对横向偏差小于 0.14m。刘星星等（2021）基于二维激光雷达扫描树干信息，获取树干的极坐标位置并转化为笛卡尔坐标系，通过最小二乘法拟合树行，结合 SVM 算法预测出果园行间中心线，作为参考导航线 [图 2-9（c）]，其在桃园、柑橘园以及松林中进行了测试，该导航算法最大横向偏差为 107.7mm，横向偏差绝对平均值不超过 17.8mm。

三维激光雷达是二维激光技术的进一步发展。近些年，随着激光雷达技术的不断发展，三维激光雷达的应用越来越多，三维激光的优势是获取环境立体信息，实现对目标的精准感知，但也存在数据量大、处理数据耗时的问题。Tuan 等（2019）提出了一种大型农场的三维激光雷达定位建图方法。该方法将 16 线激光雷达采集的数据分离成地面点与非地面点，地面点作为平面特征；非地面点被分割成不同的簇，采用目标聚类的方法提取边缘特征，然后利用提取的特征进行姿态匹配，估计机器人的位置信息，并根据点云信息建立环境地图。该方法适用于非结构化农田环境，但需要强大的算力支持。刘路等（2020）提出了一种基于 16 线激光雷达提取玉米中后期作物行间可通行区域的方法。该方法将空间点云信息投影到地面，根据 K-means 算法聚类获取玉米主干位置 [图 2-10（a）]，最终解析出高遮挡环境下玉米作物行中心导航线 [图 2-10（b）]，感知系统 3～3.5m 前视距离最大误差 0.0355m，该误差基本满足移动机器人在 0.8m 宽度的行间正常行驶。刘伟洪（2021）等提出一种基于三维激光雷达的果园行间导航方法。该方法对点云数据进行欧式聚类获取树干位置 [图 2-11（a）]，根据左右树行的最佳平行度，将随机采样一致性算法和最小二乘法互补融合，求其中心线得到导航线 [图 2-11（b）]。试验证明，系统以 1.35m/s 的速度跟踪树行，绝对横向偏差不超过 0.221m。

二维激光雷达只能获取某一平面的距离信息，基于二维激光雷达的导航方法主要通过扫描树干特征进行导航线提取，该方法只能适应树干特征明显、环境简单的农业场景；而三维激光雷达多为 16 线，可以获取地面以及不同高度的距离信息，对于树冠茂密、树干特征被遮挡以及树枝成片的复杂环境，具有良好的适应性。两者的导航精度主要随着场景和使用方法的变化而各有不同，传感器的区别主要就在于数据信息量和成本高低，数据量较大时就需要性能更加强大的处理器，所需成本就会更高，在进行农机导航时可以根据不同的应用场景选用不同种

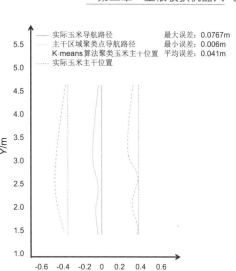

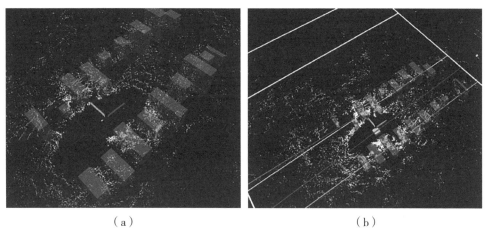

图 2-10　玉米行间导航信息提取

图 2-11　果园行间导航信息提取

类的传感器。

　　二维激光雷达和三维激光雷达各有特点，取长补短，将二者融合尤为必要。由于每种传感器都具有一定的局限性，为了提高导航精度和可靠性，降低成本，常采用多传感器融合的策略进行导航。多传感器融合可以充分利用各种传感器的优势，充分感知环境信息，互相补充数据特性，提高检测结果的鲁棒性和精准度。目前在农机导航研究中，机器视觉和激光技术的融合多应用在导航过程中的目标检测环节，且多是单目视觉和二维激光雷达的组合，以降低研究成本和难度。单目视觉可以很容易获得目标的形状、大小以及颜色等信息，激光雷达则可以感知环境中目标的位置信息，二者的融合可以获得更丰富的环境目标信息。

Cheein（2011）提出了一种基于摄像机和激光扫描仪分别感知树干信息的方法。利用摄像机来估计橄榄树干的方位，通过激光扫描仪检测与树干相关联的距离信息，提取出树干的位置信息［图2-12（a）］，该信息用来建立树林的地图用于导航。Nagham等（2015）提出了一种基于摄像机和激光扫描仪的数据融合的果园树干检测方法，激光扫描仪检测边缘点，确定树干和非树状物体的宽度，摄像机图像识别树干和非树状物体的颜色和平行边缘［图2-12（b）］。测试结果表明，该算法在晴天和多云的天气下检测准确率达96.64%，该方法为导航线的提取提供了基础。薛金林等（2018）提出了一种基于摄像机和激光雷达融合的农机导航障碍物检测方法，该方法通过单目相机基于Ft算法的显著性检测，同时将激光雷达数据进行聚类，通过聚类产生的集合点对图像进行分割，最终获取障碍物的区域信息。Abdelkrim等（2022）提出了一种单目视觉和二维激光雷达的联合标定方法，应用于草莓温室机器人的目标检测。该方法可以通过标定板的边缘激光点和视觉图像，估计出单应性矩阵，该矩阵将激光点投影到视觉图像中，就可以提取目标的大小、形状以及深度信息。

综上所述，农田环境多变性和非结构化对机器视觉和激光雷达这两种技术的无人驾驶精准导航会有一定的干扰。由于农田环境大多是非结构化的，且具有多

（a） （b）

图2-12　传感器融合检测结果

变性，对于传感器的信息采集会造成一定影响，比如光照对于视觉传感器的影响就比较大，容易导致算法失效，无法完成导航工作；而环境中的杂草、石头等对激光雷达的检测也会产生影响，算法无法消除所有的干扰，容易在工作时丢失目标。未来如何通过目标检测识别技术解决干扰问题是极为重要的。

基于低成本传感器多源融合模式提高导航精度。在农机导航中使用精度较高的传感器，势必会提高农业生产的成本，同时目前应用的低成本传感器可靠性又比较低，所以低成本传感器的融合成了新方向，但融合的方式仍处在起步阶段，融合算法比较简单，只能识别固定特征的目标，提取的信息精度仍然有待提高，未来需要深入研究融合算法，以获取更加丰富的环境信息用于导航。

未来主粮收获机器人的发展有以下趋势：

①应用传感器技术的升级优化。研究新的技术方法，针对不同传感器的缺点进行合理优化，比如针对视觉传感器对于光照强度的敏感进行硬件或者软件的更新，逐渐增强对光照的适应性。随着激光雷达传感器的大范围应用，其技术将不断更新，制造成本将会有所降低，这样即可适用于农机的导航开发。

②传感器的多源融合技术开发。多传感器融合导航技术在近些年研究越来越广泛，各个传感器可以互相弥补劣势，提高导航系统的稳定性。不同传感器的融合不仅仅是简单的组合，更需要加强信息融合的效率，获取精准的导航信息，融合技术的研究还需要进一步加强。

第二节 粮油收获机器人

油菜是世界第三大油料作物，也是国民食用植物油的主要来源之一，具有较高的营养价值。我国油菜种植面积和产量均居世界首位，如表 2-3 所列，油菜常年种植面积逾 650 万 hm^2，年产量保持在 1300 万 t 以上，占世界油菜产量的三分之一。长江中下游多熟制地区是我国油菜主产区，其油菜收获和水稻播种的窗口期较短，作物间季节性矛盾突出，收获时人工劳作强度高、作业周期长、效率低、损失高，必须加快发展机械化生产作业，提高油菜产量与效率，降低油菜成本。

表 2-3　全国油菜种植面积与产量

年份	2013	2014	2015	2016	2017	2018	2019	2020	2021	2022
面积（万 hm²）	709.3	715.8	702.8	662.3	665.3	655.1	658.3	676.5	680.0	689.0
产量（万 t）	1363.6	1391.4	1385.9	1312.8	1327.4	1328.1	1348.5	1404.9	1400.5	1450.0

据统计，欧美等发达国家农业综合机械化水平已达95%以上，其中油菜生产已实现全程机械化，而当前我国油菜耕、种、收综合机械化水平仍不足55%，油菜机械化收获水平仅为44%。较低的农业机械化水平导致油菜种植收益低下，严重制约我国油菜产业的国际竞争力，一定程度上危及我国油料战略安全。而机械化收获作为油菜机械化生产中的关键环节，对减轻劳作强度、降低收获损失、提高经济效益有着积极的作用（邓小明 等，2022）。图 2-13 是国外油菜收获场景；图 2-14 是成都油菜收获场景。

现有油菜机械化收获主要有两段式收割和联合收割两种作业方式。两段式收割是指油菜七成熟时，先用割晒机割倒，经田间自然晾晒，再用机械捡拾脱粒。图 2-15 是油菜割晒机作业场景。图 2-16 是油菜捡拾脱粒机。华中农业大学傅廷栋院士认为油菜应该全面推广两段式收割，并指出两段式收割有三点好处：一是油菜籽成熟度一致、品质好、售价高；二是收割时损耗小，低于8%，远低于联合收获的27%；三是收割要早一周，提早插秧有利于接茬的水稻增产。

图 2-13　国外油菜收获场景

图 2-14　作者参与建设的成都油菜收获场景

图 2-15　油菜割晒机作业场景

图2-16　油菜捡拾脱粒机

联合收割是指在油菜角果完熟期，利用油菜联合收割机一次性在田间完成从作物收割、茎秆分离、脱粒清选和秸秆还田等过程的收获方式，相比于分段收获，联合收获的优点是机械化程度高、作业效率高等特点，缺点是油菜损失率较高。丘陵地区小地块居多，因此油菜收获机械多采用小型化作业装备。作业幅宽小于1m，作业效率小于3kg/s。图2-17是丘陵地区小型联合收割机。

图2-17　丘陵地区小型联合收割机

考虑不同品种粮食和粮油作物的收获差别，采用无人机估产、自动导航收获和自动计产等关键技术，全面提升收获环节的实用性和观摩效果，采用智能化装备打造农业丰收、装备协同机械化生产场景，改造传统收获机实现无人化收获，获取每个经纬度坐标的产量数据，展现粮油丰收产量地图，确保粮食颗粒归仓。

第三节　无人机估产系统

产量估计是农业生产过程中至关重要的一个环节，对于确立生产计划、确定粮食销售计划、确定粮食价格都具有非常重要的意义。粮食估产传统上多采用光谱卫星进行大面积估计，具有效率高、速度快的特点，但存在尺度过大、估计精度低等缺点；固定翼大飞机携带超大光谱仪可以显著提高精度，但对飞机跑道、能见度等有较高要求，还需要专业的驾驶人员。近年来随着机载光谱仪的结构不断紧凑，基于无人机的估产系统逐渐成为潮流。

农业估产所用的无人机按照机型可以分为两类，分别是固定翼无人机（图2-18）和多旋翼无人机（图2-19），固定翼无人机借助弹射器或跑道实现起飞，携带光谱传感器掠过作物冠层上方，获取农作物光谱数据后用来进行产量等信息的计算反演。多旋翼无人机可以被携带到指定农田点位，根据需要随时起飞，可对小区域进行定点重复测量，飞行高度更加灵活，也可用悬停模式进行反复测量。

图2-18　固定翼无人机用于粮食估产

图 2-19　四旋翼无人机用于粮食估产

目前，国内无人机产品发展迅速，以大疆、极飞为代表的国产无人机不断进行技术突破，占据了农业领域的主要市场份额。无人机可通过自动控制实现无人化飞行，同时精确控制飞机的各种姿态，如图 2-20 所示。农业估产作业中，农田地图可以通过互联网下载到控制无人机的平板电脑上，无人机的飞行路径、飞行高度和飞行偏移量可通过平板电脑预先设置好参数，根据地块的边界信息自动预览飞行轨迹，确认无误后，即可起飞采集农田信息。

图 2-20　可依据飞行路径估产的无人机

　　无人机可搭载多种传感器，见表 2-4。其中多通道光谱成像仪因性价比高，适合农业估产使用，该传感器具有超大面阵高清传感器和图像采集方式，能够同步获取具有超高分辨率的 10 ～ 14 个通道光谱图像数据，单通道图像最高可达 1200 万像素，如图 2-21 所示。可获得更多的光谱波段、更高的空间分辨率和更宽的动态范围。具有工业级的成像系统和光学硬件，光学失真约为 1%。可用于精准农业估产、环境遥感、林业勘查、农业危害（如病虫害、胁迫及营养缺乏等）。

表 2-4　用于估产的无人机传感器

序号	传感器型号	传感器功能	用途
1	X20P-LIR	一体式激光雷达、红外、高光谱成像	粮食估产
2	X20P-IR	一体式高光谱、热红外成像	粮食估产、干旱胁迫
3	X20P-LV	一体式激光雷达、高光谱成像、RGB	粮食估产
4	410+L1	分体式激光雷达、红外、高光谱成像	粮食估产
5	L1+6X	分体式激光雷达、多光谱成像	粮食估产
6	L1+Pro/FZ640	分体式激光雷达、热红外成像	粮食估产、干旱胁迫
7	410+6X	分体式高光谱、多光谱成像	粮食估产、病虫害预测

　　用于估产的高光谱图像可以准确地获得主粮作物的关键信息，通过这些信息进行反演计算，就可得到农作物的产量信息，结合地面采样的精确数据进行校准，可以较为准确地预测产量的数据。高光谱图像提取数据，经过处理后，作物估产数据与地图结合，可进行可视化展示，实现作物估产数据在线地图展示、数据统计分析等功能。

图 2-21　机载多光谱成像仪采集信息的合成图像

无人机低空遥感以速度快、视野广的优势被广泛应用于主粮农作物估产环节。相比于传统的作物产量监测手段，无人机低空遥感可高效获取大范围的农田作物产量信息，并且可和农业大数据分析技术相结合，构建更为精准的产量估计模型，在很大程度上能够对粮油作物产量进行更为精准的预测，达到高效获取区域性作物产量信息的目的。

在主粮生产的实际生产应用中，普遍利用无人机低空多尺度多光谱遥感数据（图 2-22），结合地面采样支架和地面调查技术，通过机器学习、人机交互的反演，构建农作物估产模型，确定影响农作物产量的关键物候期，按照不同生理阶

图 2-22　作者获取的四川丘陵地区水稻无人机 50m 低空 GNDVI 信息图

段估算农作物产量，产量数据包括单产、总产等。基于西南地区的无人机低空估产数，作者得出水稻、油菜等粮食作物的分布面积、长势、估产等报告，这些报告为智慧农业市一级管理平台提供相关专业的数据服务。这些智慧农业的数据服务有助于提高精准扶贫质量，有助于推进美丽乡村建设，有助于建设新时代"天府粮仓"。

第四节　本章小结

本章主要针对主粮收获机器人的研究和实践展开论述，分为水稻收获机器人、油菜收获机器人和无人机估产系统三个部分。其中收获机器人属于作业环节，无人机估产系统属于收获辅助环节。作者认为估产系统对于确保粮食安全、制定田间管理策略具有不可替代作用，因此单独开展相关研究。

第三章

园艺采收机器人

第一节　柑橘采收机器人

一、背景

我国柑橘产业在全球占有举足轻重的地位，2019 年我国的柑橘产量占比全球超过 1/3。柑橘属于南方水果，栽培环境多为丘陵。丘陵山区（以下简称"丘区"）因地形复杂、气候生态适宜，是我国优质柑橘的主产区。当前柑橘主产区普遍存在劳动力缺乏、劳动强度大等问题，直接影响柑橘产业的可持续发展。人口老龄化以及农村人口转移进一步加剧了柑橘生产的成本。丘陵地区柑橘产业发展亟待新型技术装备的突破和创新。可以成为丘区柑橘机械化生产是柑橘产业的必由之路。由于柑橘生产作业中，柑橘收获约占整个作业量的 40%。柑橘采收机器人的研究非常有必要。

柑橘采收机器人采用摄像头识别定位，利用机械臂进行柑橘的柔性采摘，通过在田间移动采摘作业，动态识别柑橘成熟度，实现机器替代人工采收柑橘，主要应用于我国南方柑橘种植。图 3-1 是国外设计的柑橘采收机器人。柑橘采收机器人可采用多个机械臂同时采收柑橘，通过多机械臂协同作业来提高柑橘采收的效率，每个机械臂上面固定一个识别定位的摄像头，划分好不同机械臂的工作区域，实现柑橘的精准采收作业。

柑橘采收机器人多采用分体式结构，可划分为柑橘采收和柑橘搬运两个独立的单元，图 3-2 是分体式结构柑橘采收机器人，采收机器人负责快速采收作业，

图 3-1 柑橘采收机器人效果图

图 3-2 分体式结构的柑橘采收机器人

并将采收的柑橘放到一侧跟随移动的搬运机器人的车身运输车厢中，运输车厢装满后，搬运机器人离开前往集中存放仓库，另外一台搬运机器人接替位置，继续跟随柑橘采收机器人移动，来承接柑橘采收机器人采摘的柑橘，如此循环作业。

上述采摘机器人的作业效率除了传感器技术和控制算法的创新外，种植模式的创新也是非常关键的因素。通过农机农艺融合创新是促进采收机器人作业效率的重要途径，为了便于采收机器人作业而开展的农艺研究可以使得采收机器人的发展事半功倍。图3-3是采收机器人配套的栽培创新。通过栽培农艺的创新能降低机器人采摘的难度，降低装备的成本，同时显著提高作业效率。

图3-3　采收机器人配套的栽培创新

二、采收机器人

西南地区多为坡地，在果园中的采收作业强度远高于平原地区，因此采收装备在西南丘陵地区的需求非常迫切。为了满足丘陵地区果园机械化发展的需求，作者重点针对丘陵地区的地形特点开发丘区专用的机器人。丘区专用低碳型电动多功能机器人是作者团队开发的一款专用机器人，充分考虑了地形特点，适合于爬坡作业。田间试验在成都蒲江进行，最大爬坡的坡度35度，最大跨越排水沟渠30cm，越障能力出众。图3-4是丘区专用低碳型电动多功能机器人。

图 3-4 丘区专用低碳型电动多功能机器人

该多功能机器人可在底盘搭载多种作业系统，实现其他特定功能。包括搭载果园环境传感系统成为果园移动环境测量机器人。另外，也可搭载土壤传感系统、采摘机械手、运输型车厢等，通过模块化组装可具备多功能信息采集能力。通过在该机器人上集成施肥机构、喷药机构等其他智能装备，可实现新的数字化装备功能。通过在蒲江示范应用，取得较好的田间作业效果。

为了高效地完成田间的采摘作业，需根据生产实际对机械结构的参数进行反复优化。最终确定履带长度为 1.6m，机器宽度为 0.6m，动力采用 24V30AH 的锂电池供电，两侧履带采用独立电机驱动，通过电机的差速控制实现机器人的转向。承重底座采用 40mm×80mm 的矩形管焊接，厚度为 2mm，方便采用螺栓固定作业单元。考虑到安全性，采用遥控方式实现无人自走作业，人员不用靠近机器人，提高装备作业人员安全，无线控制距离 200m。

基于上述机器人平台，作者研发了丘区柑橘采收机器人（图 3-5）。该机器人采用深度学习算法实现柑橘的精准识别和定位，通过柔性机械臂进行采摘作业，利用剪夹一体的机械手实现夹持和剪切同步一体化作业，控制系统采用模块化设计，降低了机器人新功能开发的难度。该机器人通过采收技术创新，解决了成都周边地区种植的柑橘品种"春见"果皮软、无法直接抓取的生产难题，避免了机械化采取时自动夹持带来的不必要损失。图 3-6 是作者研发的丘区柑橘采收机器人控制板。

图 3-5　作者研发的丘区柑橘采收机器人

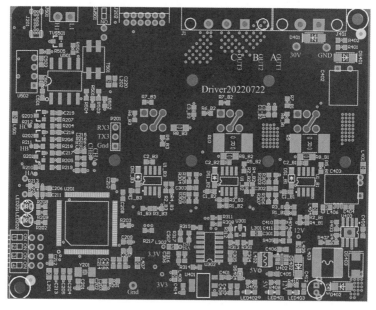

图 3-6　作者研发的丘区柑橘采收机器人控制板

柑橘采收机器人从 2021 年开始在蒲江柑橘园进行了示范应用，经过模型训练后，机器人能够识别出套袋的柑橘和没有套袋的柑橘，并准确定位柑橘的生长位置，完成柑橘的夹持、剪断和放入筐中。平均单个柑橘采摘时长 11s，准确率 100%。对于枝叶遮挡的柑橘通过行走作业和机械臂旋转可以成功识别和采摘。田间演示会邀请了周边种植大户进行了现场观摩和技术培训，得到柑橘种植大户和合作社的好评。图 3-7 是作者自主研发的柑橘采收机器人田间示范。

柑橘采摘机器人的模型训练需要采集现场图像，对于不同品种的柑橘，为了采集建立模型所需的图像信息，要在田间实际环境下，进行多次标准化的图像采集。图像采集可以通过固定在机器人车身前方的摄像头来获取，通过调节摄像头的高度、角度，高效地获取建模所需的不同角度的图像信息。图 3-8 是机器人水平获取的柑橘图像信息，图 3-9 是机器人仰视角度获取的柑橘图像信息。多个角度获取图像来建模有助于提高模型的识别率。

图 3-7　作者自主研发的柑橘采收机器人田间示范

图 3-8　机器人水平角度获取的柑橘图像信息　图 3-9　机器人仰视角度获取的柑橘图像信息

三、无人驾驶系统

我国柑橘收获时普遍采用人力劳动，但是大量农村人员涌入城市，造成了柑橘收获季节的劳动力短缺。人工成本不断提高，制约着我国柑橘产业的发展。要夯实柑橘产业发展基础，就必须提高我国柑橘收获机械化和自动化水平来减少人力的投入，而果园机械自动导航技术是实现机械化和自动化的关键，是当前研究的热点。

目前，果园机械自动导航技术的研究多集中在单一功能自动化装备关键技术研究，主要导航方式有 GPS 导航、机器视觉导航、激光雷达导航以及多传感器融合导航等。但由于果园环境的复杂程度较高，GPS 信号易受到高山、树冠的遮挡产生误差，激光雷达和视觉导航系统容易受到环境中杂草等因素的影响丢失道路特征信息，导致导航信息失效；而机器人引导与自主跟随导航可以降低环境因素的影响，提高导航稳定性、可靠性，还可以满足运输机器人跟随采摘机器人前进的协同工作模式。国内外农业领域的跟随导航研究主要集中在农田环境中，在果园环境中的研究比较少。丁永前等（2015）人设计了一种基于红外传感器的车辆自主跟随控制系统，使用阵列红外测距传感器，获取引导车和跟随车之间的相对航向偏角，通过控制前轮转向角跟随前进，试验表明该系统能实现车辆的自主跟随，系统运行稳定可靠；毕伟平等（2016）设计了一种基于双目视觉的果园作业车辆跟随系统，使用黑白棋格特征板作为引导车辆特征，跟随机器人通过双目视觉识别黑白棋格获取引导和跟随车辆之间的导航信息，最终该系统可以实现对引导车辆的自主跟随。这些研究为果园环境中的运输机器人跟随导航提供了研究思路。

机器视觉通过指定颜色将农田的引导目标与环境进行明显区分，二维激光雷达可以提取出目标距离、航向偏角等多种信息，且提取算法易于实现，二者融合可以提高跟随系统的精准性和稳定性。针对柑橘采摘时的运输工作，本研究搭建了两个履带式机器人，采摘机器人作为引导机器人，由操作员驾驶，在机器人后方固定一个红色矩形特征板；运输机器人作为跟随机器人，通过搭载的二维激光雷达和视觉传感器，获取引导机器人特征板的二维信息，计算出二者的相对位置，通过控制算法使跟随机器人进行自主跟随导航。在模拟环境中，基于不同运行速度和轨迹情况，对建立的机器人跟随系统进行了跟随稳定性试验和行间跟随停车定位精准性试验。

跟随机器人系统包括激光雷达视觉系统与机器人平台，激光雷达视觉系统主要由 2D LiDAR（深圳玩智商科技有限公司 YDLIDAR X2）、摄像头（杰锐微通 HF899）、装有 Ubuntu18.04 操作系统的工控机（NVIDIA Jetson Nano）组成，机器人平台是一履带式移动机器人，基于 UART 总线与激光雷达视觉系统通信实现运动控制。

2D LiDAR 为一款单线二维激光雷达，安装在移动机器人正中心，其扫描角度为 360°，水平角分辨率为 0.96°，点频率为 8kHz，最大测距为 12m，测距精度为 0.02m；视觉传感器为高清免驱摄像头，安装在激光雷达正前方，其分辨率为 640 像素 × 480 像素，帧率为 30 帧 /s。

移动机器人以 STM32F1 为主控板，主进程通过 UART 总线接收激光雷达视觉系统传输的速度控制信息；从进程通过读取编码器获得两侧履带的实际前进速度，并输出两侧电机的控制信号，实现机器人前进与差速转向。图 3-10 为跟随机器人系统硬件平台。

引导机器人系统主要由 STM32F1 主控的移动机器人、遥控系统以及标志物组成，标志物为一红色矩形特征板，垂直放置在引导机器人后方，用于引导跟随机器人，引导机器人与跟随机器人构成的系统如图 3-11 所示。

1. 2D LiDAR；2. 摄像头；3. 工控机；4. 显示器；5. 移动机器人

图 3-10　跟随机器人系统硬件平台

图 3-11　引导机器人与跟随机器人系统

引导标志物检测的软件框架如图 3-12 所示。激光雷达视觉系统在第 k 帧下，使用 2D LiDAR 采集到原始二维点云数据 L_k，使用摄像头采集图像 C_k，采用射影变换的方法，融合点云数据和图像生成点云图像帧 E_k；然后通过 HSV 阈值分割，将采集的图像二值化，获取引导机器人标志物在图像中的中心位置和宽度，将该宽度范围内的激光点云提取出来，获得引导机器人周围的点云集 F_k；然后对点云集 F_k 进行分割，获取多段点云集，对该集合中的每段点云集进行特征提取，根据标志物直线度、长度等特征指标获取置信度最高的标志物点云集 G_k。

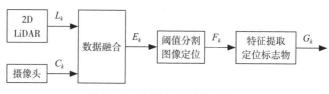

图 3-12　引导标志物检测框图

如图 3-13 所示，引导机器人中心 O 为原点，机器人前进方向即纵向为 OX 轴，横向为 OY 轴；同时，跟随机器人中心 O' 为原点，机器人前进方向即纵向为 $O'X'$ 轴，横向为 $O'Y'$ 轴，引导机器人的矩形特征板平行于 OY 轴，垂直 OX 轴放置。跟随机器人通过引导标志物的点云集 G_k 提取出两侧边缘点的距离值 l_A、l_B，角度值 θ_A、θ_B，然后通过计算得到两机器人的纵向距离 d、横向偏差 f 以及航向角偏差 θ 三个导航参数。

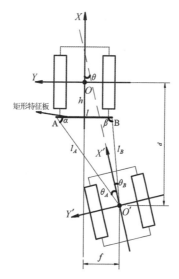

图 3-13　引导跟随系统相对位置示意图

由于激光雷达无法精准测得矩形板的两侧端点，故其长度 l 通过激光雷达获得的端点计算获得，由于激光雷达相邻点间隔角度较小，其产生的误差在本研究中可以进行忽略，得到 l 的计算公式，如式（1）所示：

$$l = \sqrt{l_A{}^2 + l_B{}^2 - 2\cos(\theta_A + \theta_B)l_A l_B} \tag{1}$$

跟随机器人与引导机器人的纵向距离 d 的计算公式，如式（2）、式（3）所示：

$$d = h + l_A \sin\alpha \tag{2}$$

$$\alpha = \arccos(\frac{l_A{}^2 + l^2 - l_B{}^2}{2l_A l}) \tag{3}$$

式中：α——点云集 G_k 左侧边缘点线束与矩形板的夹角，（°）；h——引导机器人中心到矩形板的距离，m。

跟随机器人与引导机器人的横向偏差 f 的计算公式，如式（4）所示：

$$f = \frac{l}{2} - l_A \cos\alpha \tag{4}$$

跟随机器人与引导机器人的航向角偏差 θ 的计算公式，如式（5）、式（6）所示：

$$\theta = \theta_B + \beta - \frac{\pi}{2} \tag{5}$$

$$\beta = \arccos(\frac{l_B{}^2 + l^2 - l_A{}^2}{2l_B l}) \tag{6}$$

式中：β——点云集 G_k 右侧边缘点线束与矩形板的夹角，（°）。

因为运输机器人在柑橘园环境工作时，前进速度较低，没有剧烈转向，并且需要减少打滑、侧移，所以本文设计了履带式跟随机器人，并对跟随机器人系统进行了运动学建模分析，如图 3-14 所示。当跟随机器人进行跟随时，理想情况是以指定距离和角度进行跟随的同时，两个机器人的航向保持一致。然而当两个机器人受环境影响产生横向偏差 f、纵向距离 d 以及航向角偏差 θ 时，跟随机器人需要控制自身前进速度 v 和转向速度 ω_c，使两个机器人的距离趋于目标距离，横向偏差和相对航向角趋于 0。图 3-14 中矩形轮廓代表的是履带机器人模型，O 点为跟随机器人的速度瞬心。

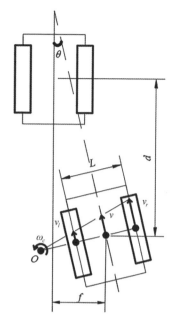

图 3-14　跟随机器人运动学模型分析

根据履带式机器人运动学模型可以得出其运动方程，如式（7）所示：

$$\begin{bmatrix} v \\ \omega_c \end{bmatrix} = \begin{bmatrix} \dfrac{v_r + v_l}{2} \\ \dfrac{v_r - v_l}{L} \end{bmatrix} = \begin{bmatrix} 1/2 & 1/2 \\ 1/L & -1/L \end{bmatrix} \begin{bmatrix} v_r \\ v_l \end{bmatrix} \tag{7}$$

式中：v——跟随机器人前进速度，m/s；ω_c——跟随机器人角速度，rad/s；v_l——左侧履带前进速度，m/s；v_r——右侧履带前进速度，m/s；L——跟随机器人左右轮距，m。

跟随机器人的控制框图如图 3-15 所示，其前进控制使用测得的纵向间距 d 和期望间距之间的误差作为输入，输出跟随机器人的线速度 v，实现机器人跟随速度的控制，保持期望间距跟随；转向控制根据测得的航向角偏差 θ 和横向偏差 f 与期望偏差之间的误差作为输入，输出跟随机器人的角速度 ω_c，实现机器人的转向控制；由于最终控制机器人运动的是两侧的电机，所以需要先经过公式（7）进行运动学逆向运算，获取两侧履带的目标线速度 v_l 和 v_r，然后以编码器返回的两侧履带实际线速度作为反馈，通过速度控制输出两侧履带电机的 PWM 电压信号，最终实现机器人的运动调整。

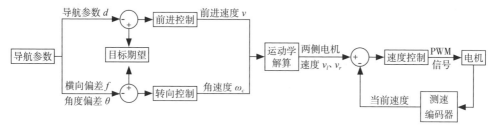

图 3-15　跟随机器人控制框图

　　将引导机器人放置在跟随机器人前方 0°，±20° 航向，两者直线距离为 1.2m，然后对引导机器人的航向进行 0°，±20° 旋转，产生 9 种相对位置情况，每种情况下采集 10 次数据，通过检测识别得到跟随标志的激光数据如图 3-16 所示，（a）（b）分别为跟随机器人 0° 和 20° 航向的检测结果示意图，然后根据公式（2）（4）（5）获得两者的纵向距离、横向偏差和航向角偏差，通过与摆放位置实际值相减计算三者的平均偏差。其中，平均纵向偏差为 0.012m，标准差 0.031m；平均横向偏差 0.015m，标准差 0.022m；平均航向角偏差 0.18°，标准差 0.54°。由此可见，本研究提出的检测方法具有较高精度，可以满足跟随要求。

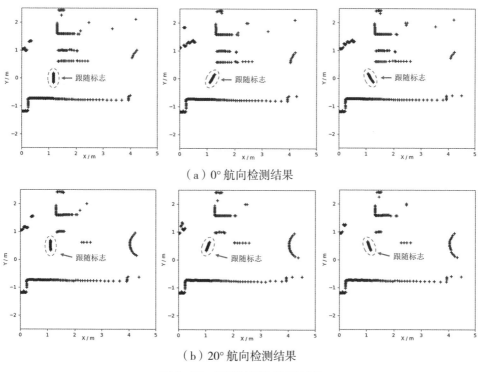

（a）0° 航向检测结果

（b）20° 航向检测结果

图 3-16　激光检测结果示意图

对比了引导机器人在 0.3m/s 的运行速度下分别以直线和 90° 圆弧轨迹前进时，跟随机器人应用几种传统控制算法的跟随性能。设定轨迹长度为 5m，目标纵向距离 1.2m，目标横向偏差 0m，目标航向角偏差 0°，跟随机器人以 8Hz 的频率返回获取的导航参数，并计算偏差结果，试验结果见表 3-1。

表 3-1 不同控制算法对比

试验号	算法	轨迹	平均纵向偏差（m）	平均横向偏差（m）	平均航向角偏差（°）
1	模糊控制	直线	0.194	0.120	4.851
2		弧线	0.249	0.375	30.804
3	PID	直线	0.003	0.005	0.600
4		弧线	0.038	0.300	21.915
5	模糊PID	直线	0.005	0.009	0.140
6		弧线	0.041	0.285	21.002

从表 3-1 可以看出，相对于单独的模糊控制，PID 算法和模糊 PID 算法对跟踪性能均有提升，而 PID 算法和模糊 PID 算法在纵向、横向以及航向角三者的平均偏差虽互有不同，但趋于近似，算法并未有显著提升，由于 PID 算法参数的调节难度更低、使用更加方便，且控制结果基本满足了跟随要求，故选用 PID 算法作为跟随系统的控制算法。

跟随性能的研究，针对不同运行速度和运动轨迹的情况下，运输机器人以指定距离和航向角跟随引导机器人的跟随性能。引导机器人在 0.3m/s、0.4m/s、0.5m/s 的三种运行速度下，分别以直线和 90° 圆弧（圆弧半径 1.5m）轨迹行进，设定轨迹长度为 5m，运输机器人自动跟随引导机器人，目标纵向距离 1.2m，目标横向偏差 0m，目标航向角偏差 0°，跟随机器人以 8Hz 的频率返回获取的导航参数，并计算偏差结果。表 3-2 为试验的纵向偏差统计结果，表 3-3 为试验的横向偏差统计结果，表 3-4 为试验的航向角偏差统计结果。

表 3-2 纵向偏差试验结果表

试验号	速度（m/s）	轨迹	最大（m）	最小（m）	均值（m）	标准差（m）
1	0.3	直线	0.189	0.163	0.003	0.055
2	0.4		0.197	0.141	0.005	0.057
3	0.5		0.194	0.226	0.015	0.080

（续）

试验号	速度（m/s）	轨迹	最大（m）	最小（m）	均值（m）	标准差（m）
4	0.3		0.172	0.141	0.038	0.083
5	0.4	弧线	0.188	0.163	0.050	0.073
6	0.5		0.205	0.169	0.078	0.078

表 3-3 横向偏差试验结果表

试验号	速度（m/s）	轨迹	最大（m）	最小（m）	均值（m）	标准差（m）
1	0.3		0.009	0.018	0.005	0.003
2	0.4	直线	0.013	0.024	0.006	0.008
3	0.5		0.034	0.030	0.010	0.018
4	0.3		0.563	0.010	0.300	0.150
5	0.4	弧线	0.562	0.036	0.303	0.155
6	0.5		0.561	0.010	0.305	0.166

表 3-4 航向角偏差试验结果表

试验号	速度（m/s）	轨迹	最大（°）	最小（°）	均值（°）	标准差（°）
1	0.3		3.743	0.666	0.600	1.131
2	0.4	直线	5.362	1.016	0.886	1.267
3	0.5		6.147	0.030	1.107	1.665
4	0.3		43.065	2.435	21.915	12.211
5	0.4	弧线	38.711	1.688	20.668	10.505
6	0.5		43.971	0.209	22.709	12.284

由表 3-2 至表 3-4 可知，运行速度对跟随性能的影响较小，可以通过 PID 算法的参数进行修正。跟随机器人对于直线轨迹行驶跟随性能较好，平均纵向偏差小于 0.015m，标准差小于 0.08m；平均横向偏差小于 0.01m，标准差小于 0.018m；平均航向偏差小于 1.107°，标准差小于 1.665°。而跟随 90° 弧线轨迹行驶时，纵向偏差小于 0.078m，平均横向偏差在 0.3m 左右，最大横向偏差达到了 0.56m，平均航向角偏差在 21° 左右，最大航向角偏差达到了 43°。虽然圆弧轨迹跟随时横向偏差和航向角偏差较大，但是并未丢失跟随目标，满足跟随任务要求。

停车定位研究，主要针对柑橘运输机器人跟随采摘机器人在行间工作时，采摘机器人需要停下进行采摘并把柑橘存放到运输机器人的储存仓内，所以运输机器人需要停止在采摘机器人机械臂投放范围内。故设置引导机器人在 0.3m/s、0.4m/s、0.5m/s 的速度下直线行驶，进行跟随机器人的停车定位试验，试验结果如表 3-5 所示。

表 3-5　停车定位试验结果表

试验号	速度（m/s）	纵向偏差（m）	纵向偏差均值（m）	横向偏差（m）	横向偏差均值（m）
1		0.127		0.031	
2	0.3	0.138	0.133	0.016	0.023
3		0.133		0.022	
4		0.165		0.013	
5	0.4	0.166	0.166	0.041	0.030
6		0.169		0.036	
7		0.194		0.042	
8	0.5	0.193	0.196	0.033	0.042
9		0.205		0.053	

由表 3-5 可以看出，随着速度的上升，纵向偏差和横向偏差的值都有所上升，在最大运行速度 0.5m/s 下，其最大纵向偏差为 0.205m，最大横向偏差为 0.053m，可以满足实际使用。

从表 3-2 至表 3-4 来看，以 90° 弧线轨迹前进的跟随试验性能参数偏差均大于直线轨迹跟随，偏差较大的原因主要是引导机器人在进行 90° 圆弧轨迹的行驶时，跟随机器人与引导机器人相距一定的距离，引导机器人转弯时的转向半径小于跟随机器人的转向半径，故在圆弧段产生了最大的横向偏差和航向角偏差，所以路径差异化会对跟随性能产生影响。

除此之外，本研究试验均在没有障碍物的情况下，识别引导机器人目标进行跟随前进，而在正常工作环境中可能会存在树枝伸出对检测目标产生干扰的情况，由于没有使用过滤算法，该情况会对导航参数检测产生较大影响，后续会对环境中存在的干扰情况进行研究，实现对干扰物的过滤，完成实际环境中的跟随导航研究。

作者团队基于激光雷达和视觉融合的柑橘运输机器人协同导航方法，通过激光雷达和视觉信息融合获得引导机器人的导航参数，使用 PID 算法完成对跟随运输机器人的运动控制，研制成功了柑橘收获自动导航系统，田间示范应用后，得出结论如下：

①通过激光雷达和视觉融合的检测方法，完成了对引导目标的定位。试验结果表明，该系统实时检测的位置信息和实际位置的偏差较小，具有较高的准确性，可以满足跟随系统的定位精度要求。

②基于履带式机器人验证了跟随导航系统的跟随性能。系统在 0.3 ～ 0.5m/s 速度下，以直线轨迹跟随时，最大纵向偏差不超过 0.197m，最大横向偏差不超过 0.034m，最大航向角偏差不超过 6.147°；以圆弧轨迹跟随时，最大纵向偏差不超过 0.205m，最大横向偏差不超过 0.563m，最大航向角偏差不超过 43.971°。在直线轨迹情况下，可以稳定地跟随引导机器人前进，在圆弧轨迹情况下，基本满足跟随要求，未丢失跟随目标。表明该系统具有一定的稳定性，可以用于柑橘运输机器人协同导航。

③系统在停车定位试验中以 0.3 ～ 0.5m/s 速度前进时进行停车，最大纵向偏差不超过 0.205m，最大横向偏差不超过 0.053m。表明本系统在运输时满足存储工作条件，可以用于柑橘的采摘运输工作。

四、采摘搬运机器人

丘陵地区柑橘园收获环节还有一项艰巨的任务就是收获后的果品搬运。采摘搬运机器人是柑橘采收机器人的重要帮手。传统的农用车辆搬运无法在丘陵地区坡地中使用，而新型轨道运输等装备因成本过高无法普及，为了降低采摘作业果品运输时的劳动强度，缓解劳动力短缺难题，柑橘采摘运输研究成为了发展的必然趋势。采摘搬运机器人成为国内外研究热点。

采摘搬运机器人可实现自主搬运，减轻柑橘运输的劳动强度。其具体作业过程为，采摘人员进行采摘工作时，搬运机器人无人化跟随采摘人员自主移动，避免复杂操控，减轻劳动强度同时提高采摘效率。Mark 等（2019）研制了采摘运输猕猴桃的平台，利用单个多线激光雷达精准自主导航，满足猕猴桃场景的自动作业生产需求。国内的果园采摘自动运输装备研究也有部分报道。其重点在于机械结构性能优化，自主导航的研究较少。毛文菊等（2022）采用深度相机、激光雷达和全球定位导航模块，实现了苹果运输车的跟随导航以及自主导航模式的工作，满足了果园自主运输和避障的需求，但是其传感器成本比较高，投入农业生产难度较大。为解决传统丘陵地区柑橘园采摘搬运劳动强度大的问题，作者团队通过机械设计、控制系统设计以及软件设计，研制了一种丘陵地区柑橘采摘搬运机器人系统，并对机器人搬运的精度和稳定性进行了测试，验证机器人系统的可靠性。

图 3-17 为作者团队设计的柑橘采摘搬运机器人机械设计示意图。机器人主要由底盘、驱动电机车轮组、控制器（上位机、下位机）、显示器、激光雷达、单目相机组成。激光雷达安装高度为 $h_1=0.55m$，该高度下可检测特征明显的人体腿部信息，便于机器人跟随；单目相机安装高度为 $h_2=0.50m$，该高度下单目相机可获得人体完整图像，便于机器人识别。机器人的主要性能参数见表 3-6。

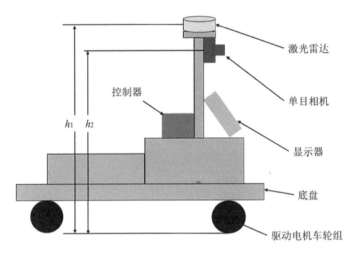

图 3-17　柑橘采摘搬运机器人机械设计示意图

表 3-6　柑橘采摘搬运机器人主要性能参数

参数	数值
整车重量（kg）	10
长宽高（m×m×m）	$0.6 \times 0.7 \times 0.6$
最大前进速度（m/s）	1.5
最大动力（kW）	0.24

最终搭建的柑橘采摘搬运机器人实物如图 3-18 所示。该机器人主要零部件由控制器、传感器以及移动底盘组成。控制器包含上位机和下位机两部分，上位机选取装有 Ubuntu18.04 系统的 NVIDIA 人工智能开发板，带有四核 CPU，主频 1.43GHz，64G 内存；下位机为 STM32F1 系列单片机，单核 CPU，主频 72MHz。

1. 上位机控制箱；2. 激光雷达；3. 单目相机；4. 显示器；5. 下位机控制箱；6. 驱动电机轮组

7. 机器人底盘

图 3-18　柑橘采摘搬运机器人实物图

传感器主要包括激光雷达和单目相机。激光雷达探测激光为单线激光，其水平扫描角度为 360°，在帧率为 8Hz 时水平角分辨率为 0.96°，点频率为 8kHz，最大测距为 12m，测距精度为 2cm；单目相机为高清 USB 摄像头，其分辨率为640 像素 ×480 像素，帧率为 30 帧 /s。

柑橘采摘搬运机器人的控制系统结构如图 3-19 所示。单目相机通过数据线将图像传输给上位机，上位机采用神经网络算法处理图像，估计目标采摘人员的姿态进行工作模式判断，同时计算出目标的图像坐标及尺寸，并在图像中框选人体轮廓；激光雷达通过数据线传输激光点云数据给上位机，上位机将激光点云数据投影在当前图像中进行深度对齐，提取出目标的图像尺寸范围内的点云数据，

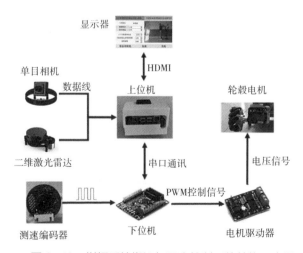

图 3-19　柑橘采摘搬运机器人控制系统结构示意图

然后采用分割聚类算法获取目标采摘人员腿部点云，进而计算出目标相对机器人的实际位置。获取目标实际位置之后，根据设定跟随距离，上位机通过运动控制算法，计算出机器人期望前进速度和转速，通过串口与下位机进行通讯发送速度信息。下位机采集测速编码器单位周期内的脉冲信号，计算出机器人的实际前进速度，根据上位机发送的速度信息，采用速度控制算法，输出 PWM（脉冲宽度调制）信号给驱动器，驱动器输出电压信号给电机，最终控制电机转速完成机器人的运动控制。

采摘搬运机器人的程序流程如图3-20 所示。程序启动后，上位机首先设置各个工作模式下的跟随距离，然后通过识别相机图像进行跟随目标初始化。上位机识别到图像中采摘人员的跟随姿态之后，程序进入跟随模式，在该模式中上位机对相机图像和激光雷达数据进行融合，处理后提取出目标采摘人员的实际距离，根据设置的跟随距离，计算出机器人的期望运动速度，然后由上位机发送速度信号给下位机控制电机进行跟随。在跟随时，上位机识别相机采集图像中目标人员姿态，若识别到指定结束姿态，就结束程序；若识别到指定停止姿态，就进入停止模式。停止模式设置的跟随距离缩短便于采摘人员投放果实，上位机通过激光雷达采集行人位置，控制机器人运动到指定跟随距离，然后停止等待投放果实。停止后上位机识别相机采集图像中目标人员姿态，如果未识别到指定跟随姿态，就继续停止等待，否则进入跟随模式循环，直至进入下一次停止模式或者程序结束。

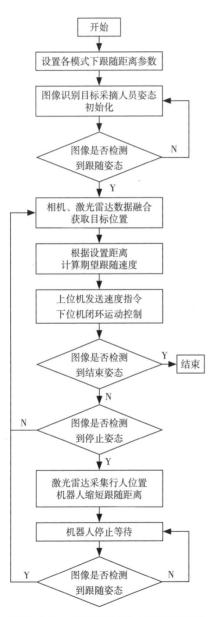

图 3-20 采摘搬运机器人程序流程图

显示器是机器人的输入输出设备，可进行触屏操作实现人机交互，操作界面由 Linux 系统下的 Qt 软件进行编写。界面采用了简约设计，底部设置了目标初始化、结束、关机按键。点击目标初始化按键后，程序开始运行，识别指定姿态确定跟随目标人员，程序进入跟随模式；点击结束按键后程序结束，机器人停止等待下一步操作；点击关机按键机器人关机断电。操作界面如图 3-21 所示。

界面中部是监测区域，可以进行设备跟随模式、上位机下位机通讯状态、目标人员图像、目标实际距离、前进速度等信息的监测。界面上部是数据输入区，其设置了跟随模式和停止模式下的跟随距离输入框，输入框内有初始距离值，可以在点击初始化按键之前根据果园实际情况进行修改。

本探究系统测试分为三个部分，首先对单目标采摘人员姿态识别进行测试，再对多目标情况下目标识别进行测试，最后对机器人跟随目标行间作业跟随误差进行测试。图 3-22 为系统测试的试验示意图。单目标的姿态识别测试包括起点

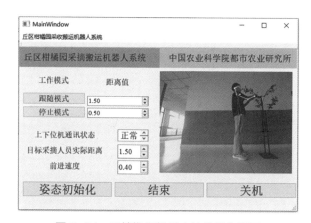

图 3-21 采摘搬运机器人软件操作界面

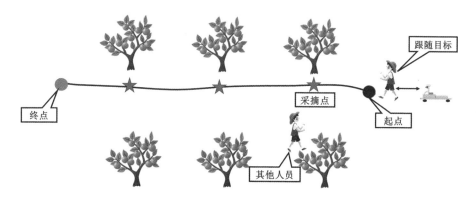

图 3-22 采摘搬运机器人系统试验示意图

的目标初始化姿态识别、采摘点的停止姿态和跟随姿态识别以及终点的结束姿态识别。多目标情况下的目标识别测试是机器人在果园进行跟随时，从多个采摘人员中识别指定跟随目标的测试。机器人跟随目标行间作业误差测试是测试搬运机器人跟随目标时的距离与设定距离之间的误差情况。

单目标采摘人员识别性能测试，设置在起点初始化以及采摘点完成采摘时，目标人员抬起右臂，机器人识别进入跟随状态，然后目标人员放下手臂前进；在采摘点时，目标人员抬起左臂，机器人识别进入停止状态；在终点时，目标人员抬起双臂，机器人识别结束程序。在晴天和阴天两种光照条件下，分别对工作时出现的四种姿态进行测试，识别效果如图 3-23 所示，（a）（b）（c）（d）分别为跟随、停止、结束以及行走四种主要姿态，（a）（b）为晴天条件下，（c）（d）为阴天条件下。

单目标识别试验的结果如表 3-7 所示。识别准确率高于 99%，识别特征姿态

（a）跟随　　　　　　　　　　　（b）停止

（c）结束　　　　　　　　　　　（d）行走

图 3-23　目标姿态检测示意图

具有较高准确性，检测性能良好。但是晴天状况下，跟随姿态和停止姿态出现漏检现象，经分析发现在晴天的强光下，手臂腕部特征点被遗漏识别成行走姿态，但不影响正常运行工作，当目标人员一直保持跟随和停止姿态时，极大概率识别成功，然后进入跟随模式和停止模式。

表 3-7 单目标识别试验结果

组号	光照条件	目标姿态	样本数量（个）	识别准确率（%）
1	晴天	跟随姿态	100	98
2		停止姿态	100	98
3		结束姿态	100	100
4		行走姿态	100	100
5	阴天	跟随姿态	100	100
6		停止姿态	100	100
7		结束姿态	100	100
8		行走姿态	100	100

多目标采摘人员识别性能测试，设置当机器人在跟随目标采摘人员工作时，其他目标人员出现在目标跟踪范围（3m）之内，目标人员和其他人员位置随机，目标采摘人员右手举过头顶区别于其他人员，并使用绿色矩形框选出图像中目标采摘人员，红色矩形框选出其他人员，用于展示检测效果，试验效果如图 3-24（a）（b）所示。

试验通过采集一定数量的图像样本，在晴天和阴天两种光照条件下对多个目标进行检测试验，模拟不同工作时间下的实际情景，验证系统对于不同光照条件以及多目标的稳定性，试验的结果如表 3-8 所示。识别准确率在 97% 以上，满足系统跟随条件，不会丢失跟随目标，证明系统具有较高稳定性。

表 3-8 多目标识别试验结果

组号	光照情况	样本数量（个）	识别准确率（%）
1	晴天	500	97.2
2	阴天	500	99.4

（a）晴天光照试验

（b）阴天光照试验

图 3-24　多目标检测示意图

机器人跟随作业稳定性试验分为跟随模式目标跟踪误差试验、停止模式目标跟踪误差试验。跟随模式下通过激光雷达实时获取目标位置，与设定的跟随距离进行对比，获得误差数据，数据从进入状态时就开始记录，每获得一次激光雷达数据记录一次距离，直到进入停止模式停止记录；停止模式的试验在机器人停止后采集十次目标位置，与设定的停止距离进行对比，获取误差数据。设置跟随模式的跟随距离为 1.6m，停止模式的跟随距离为 0.5m，经过多次试验，试验结果如表 3-9、表 3-10 所示。跟随模式的平均误差低于 0.086m，停止模式平均误差低于 0.048m，两种模式的跟随精度高于 90%。

采摘搬运机器人研制成功后，作者团队针对丘陵坡地不同地形环境下，对该装备进行了多次田间试验，反复改进后进行了示范应用，结果表明，基于智能控制技术的采摘搬运机器人性能稳定，能满足生产实际需要，市场潜力巨大。图 3-25 是采摘搬运机器人实物图。图 3-26 是采摘搬运机器人的测试报告。

表 3-9　跟随模式目标跟踪误差

组号	数据量（个）	平均误差（m）	标准差
1	127	0.086	0.021
2	135	0.063	0.056
3	105	0.084	0.046
4	120	0.074	0.033
5	150	0.070	0.025

表 3-10　停止模式目标跟踪误差

组号	数据量（个）	平均误差（m）	标准差
1	10	0.021	0.002
2	10	0.048	0.010
3	10	0.034	0.005
4	10	0.022	0.007
5	10	0.044	0.011

图 3-25　采摘搬运机器人实物图

图 3-26　采摘搬运机器人的测试报告

通过田间实际应用得出结论如下：

①丘陵地区柑橘采摘搬运机器人可以和采收机器人协同作业，能有效解决丘陵地区柑橘采收运输劳动强度大、劳动力缺乏的问题，该机器人可以跟随目标采摘人员进行自主跟随运输。

②柑橘园内单目标、多目标识别试验表明，柑橘采摘搬运机器人可以识别设定的目标人员姿态，完成指定跟随工作，并且在跟随状态下，可以根据指定姿势排除其他人员的干扰，检测准确率高于97%，具有较高稳定性。

③果园跟随精度试验表明，跟随模式和停止模式的平均误差分别低于0.086m和0.048m，跟随精度高于90%，采摘搬运机器人可以满足在果园内跟随目标人员进行搬运的需求。

第二节　茶叶采收机器人

我国的茶叶在全球茶叶市场上具有举足轻重的地位。2021年我国茶叶产量318万t，茶叶产量居世界第一。其中，以细嫩采摘为标志的名优绿茶在茶产业中发挥了十分重要的作用。名优绿茶采摘标准为单芽、一芽一叶或一芽二叶初展，对芽叶的一致性要求严格，因此主要依赖于人工采摘。名优绿茶主要以春茶为主，季节性强且采摘期短，受农村劳动力减少和劳动成本上升的影响，名优绿茶因用工荒而不能及时采摘，严重制约了茶叶效益的提高（张智浩，2022）。国内外研究表明，机械化采摘虽然显著提高了采摘效率，但存在着芽叶一致性低、不完整茶芽比例高等问题，无法应用于名优绿茶生产。近年来，国内外学者对名优茶的机械化精准采收进行了有益探索（孙艳霞，2022）。机械化精准采收涉及茶芽识别、筛选、定位、采摘、回收等技术环节。

茶叶是季节性强的作物，有较高利润的优质茶叶的采摘期极短，许多茶园都面临着用工荒的现状。国内外茶叶机械化采收多用于生产大宗茶叶，有助于提高采摘效率，但存在茶芽不完整和无法区分新老茶芽等问题。我国名优茶的采收大多是人工方式，劳动力短缺造成产量不稳定，名优茶的机械化精准采收是促进茶叶可持续发展的重要途径。茶叶采摘机器人可通过精准识别定位实现茶芽的筛选和完整采收。国内外学者对茶叶采收机器人进行了诸多探索研究，主要瓶颈问题是采摘精度和采摘效率二者之间的矛盾。多机械臂茶叶采收同时兼顾精度和效率，有助于茶叶嫩芽的智能化采收，但需要突破嫩芽的识别、定位和采摘这三个难题。

对于茶叶嫩芽的识别，主流的解决方案是使用深度学习算法。孙肖肖等（2019）使用 YOLO 算法结合 OSTU 算法实现了复杂背景下的茶叶嫩芽检测。吕军等（2021）针对自然光照下不同时间采集的茶叶图像存在亮度不均的现象而造成漏检问题，提出一种基于区域亮度自适应校正的茶叶嫩芽检测模型。为自然光照条件下茶叶嫩芽机械采摘作业提供参考。Xu W 等（2022）提出了基于 YOLOv3 和 DenseNet201 网络模型的茶叶嫩芽检测算法，兼顾了 YOLOv3 算法的快速检测能力和 DenseNet201 的高精度，实现对茶叶嫩芽的准确检测。

对于茶叶嫩芽的定位，大都采用深度学习的方法识别茶叶嫩芽的采摘点在图像中的位置。Chen 等（2020）利用 Faster R-CNN 识别茶叶图像中的一叶一芽区域，再使用全卷积网络识别该区域中的茶叶采摘点，实现了茶叶采摘点的二维图像定位。Wang 等（2021）基于区域卷积神经网络，建立了茶叶芽叶和采茶点识别模型，确定茶叶芽叶采摘点二维图像的位置。Li 等（2021）使用深度相机（RGB-D）结合 YOLO 算法检测复杂环境中的茶叶嫩芽，并利用深度相机检测到的目标区域三维点云数据，通过点云数据降噪，再使用聚类处理算法提取出目标点云中茶叶枝干形状，最后结合茶叶生长特性确定茶芽的三维采摘点位置，为采茶机器人发展提供了很好的思路。作者提出了分步识别定位方法，通过超声波确定茶叶收获面位置，再通过视觉定位茶芽实现精准定位，目前茶叶嫩芽定位的主

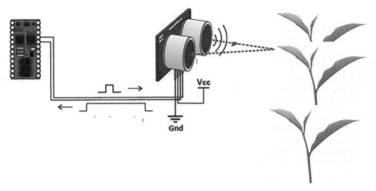

图 3-27　超声波定位茶叶采摘面

要问题是茶叶之间遮挡情况十分严重，极大地妨碍了通过视觉的方式识别定位茶叶嫩芽采摘点。

对于茶叶嫩芽的采摘，大都使用多自由度机械臂完成。尚凯歌（2019）设计出一款 Delta 结构的并联茶叶采摘机器人，利用单片机完成了机械臂的控制，并对其进行标定分析，但未进行采茶机田间采收工作。汪琳（2020）设计了一款 SCARA 结构的茶叶采摘机器人，完成了机械臂的控制，分析了机械臂末端执行器夹取力的大小，并进行了田间试验示范。Li 等（2021）设计一款并联机械臂，使用双目相机完成了茶叶的识别和定位，并进行了田间采摘试验，对于单个茶叶嫩芽的采收时间为 2 ～ 5s。总体来看，机械化精准采收需要协调解决好采摘精度和采摘效率二者之间的矛盾。

一、机械设计

根据田间调查，我国现有茶园主要采用条栽方式，行距多为 1.2 ～ 1.5m，弧形或平面树冠。基于调研数据，设计多机械手茶叶采摘机器人，机器人整体为跨垄结构，宽度为 1.4m，高度为 1.3m，履带宽度为 20cm，可满足宽度为 60 ～ 100cm、高度 50 ～ 70cm 茶垄内的采摘需求。机架上安装有 3 台并联机械臂用以采摘树冠表层嫩芽，采茶末端执行器的夹取机构由复合橡胶柔性材料制成，避免在采摘时损伤茶叶嫩芽。机器人的最大行走速度为 0.5m/s，满足茶叶采收速度需求，整机续航时间为 4h，电池为可拆卸设计，便于快速更换。图 3-28 是茶叶采摘机器人示意图。

多机械手茶叶采摘机器人根据茶园茶叶生长特点，采用多臂合一、高效稳定的机械机构。采摘机器人机械结构由 1 台与车身平齐的主机械臂和 2 台与车

1.茶垄；2.控制器及电源柜；3.车架；4.机械臂角度调节旋钮；5.深度摄像头；6.并联机械臂；
7.末端执行器；8.履带；9.地面

图3-28 茶叶采摘机器人示意图

身成一定角度的副机械臂组成。据测试，并联机械臂的最优作业平面直径为32cm，机械臂采摘的垂直高度范围为 $0 \sim 18cm$，副机械臂角度可调节范围为 $15° \sim 45°$，因此机械臂联合采收时作业宽度 W 可表示为：

$$W = L + 2L \cdot \cos\theta \qquad (8)$$

式中：$L = 34cm$ 表示机械臂最优作业平面；$\theta \in [15°，45°]$ 表示副机械臂水平面倾角。

由公式（8）可解得机械臂联合采收时作业宽度 $W \in [77.25，93.82]$，满足一般茶园采收需求。

图3-29为采茶机器人作业范围示意图，采收时将茶垄表面分为三个采摘区域，每台机械臂负责采收各自区域内的茶叶嫩芽。

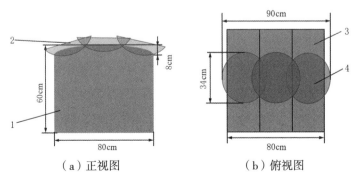

（a）正视图　　　　　　（b）俯视图

1.茶垄；2.机械臂运动空间；3.单机械臂采摘区域；4.机械臂采摘范围

图3-29 采茶机器人作业范围示意图

利用 Solidworks 设计采茶机器人样机图，如图 3-30。

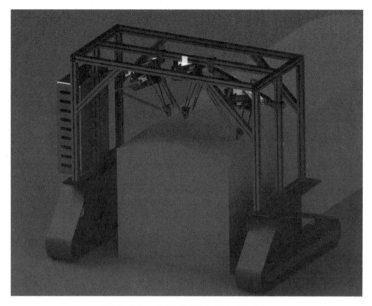

图 3-30　采茶机器人样机设计图

二、控制系统设计

系统的总体控制方案设计如图 3-31 所示，主要分为检测部分、控制部分、执行部分和行走部分。具体功能如下：

①检测部分使用 3 个 Intel Realsense d435i 深度摄像头（型号为 Intel Realsense d435i，美国英特尔公司），可以获取茶叶嫩芽的图像信息和位置信息，摄像头将获取到的信息通过 USB 接口发送给控制部分。

②控制部分将采集到的信息进行处理。包含以下几个步骤：第一步图像识别，通过 YOLOv5 深度学习算法识别出 3 张不同角度采集的图片中的茶叶嫩芽，框选出嫩芽在图像中的像素位置，生成 3 个包含茶叶嫩芽像素坐标的像素矩阵；第二步位置获取，将像素矩阵代入采集的深度信息中计算出 3 个包含茶叶嫩芽空间位置的位置矩阵；第三步坐标变换，将 3 个位置矩阵进行坐标变换，统一到机身坐标系下；第四步信息融合，将 3 个坐标变换后的位置矩阵进行融合，将两个位置相近的目标（距离低于设定阈值）视为同一目标，并计算出融合后的位置矩阵；第五步路径规划，将位置矩阵划分为 3 个工作区，利用蚁群算法进行路径规划，并将规划好的路径下发给机械臂。

③执行部分负责执行采摘动作，由三台并联机械臂组成，机械臂的主控使用Mega2560，通过驱动器控制 3 个 42 步进电机进而控制机械臂的运动，末端执行器的开合功能通过舵机实现。机械臂与控制部分通过串口进行通讯。

④行走部分负责控制履带式行走机构按控制部分要求进行运动，主控选用STM32f103，通过驱动器控制无刷电机的运动完成跨垄行走功能。行走部分与控制部分通过串口进行通讯。

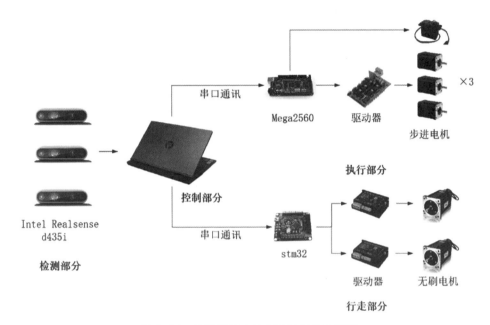

图 3-31 采茶机器人控制系统结构示意图

三、软件系统设计

茶叶采摘机器人的控制软件界面如图 3-32 所示，当点击"开始"按钮后机器人开始工作，可以通过"摄像头机位"窗口实时查看每个摄像头采集到的茶叶嫩芽图像信息，可以通过"路径规划"窗口查看控制系统对每台机械臂规划出的茶叶嫩芽采摘路径。机械臂的运动速度可以通过"采摘速度"窗口进行调节。需要单独调试或控制机械臂时可通过点击"机械臂控制"按钮进入子页面进行控制。需要单独控制机器人运动时可通过点击"行走控制"按钮进入子页面进行控制。程序还设计了"暂停"按钮与"退出"按钮，可随时暂停机器人工作或退出控制系统。

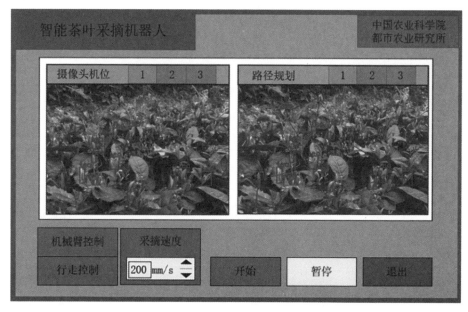

图 3-32 茶叶采摘机器人控制界面

采茶机器人控制流程如图 3-33 所示。

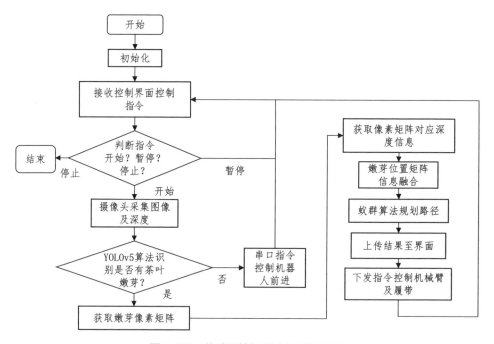

图 3-33 茶叶采摘机器人控制流程图

四、试验

（一）室内性能测试

为测试机械臂在理想情况下的工作性能，在室内环境设计了单机械臂的采摘试验。试验步骤如下：首先将采收回来的茶叶嫩芽随机插放在海绵培养基质中，然后打开机械臂进行采摘试验，最后记录机械臂采摘所有嫩芽所用时间、对嫩芽识别准确率、嫩芽损伤个数和嫩芽总数，采摘试验共进行 6 组。测试结果见表3-11，性能测试试验台实物如图 3-34。

室内试验结果表明，6 次采摘试验中，茶叶嫩芽平均识别准确率为 100%，茶叶嫩芽平均采收率为 97.23%，嫩芽平均损伤率为 0%，平均单个嫩芽采收时间为 2.75s。

表 3-11　性能测试结果

试验次数	嫩芽总数（个）	识别嫩芽个数（个）	采摘嫩芽个数（个）	损伤嫩芽个数（个）	采摘总时间（s）
1	12	12	11	0	28
2	14	14	14	0	34
3	11	11	11	0	31
4	12	12	11	0	32
5	13	13	13	0	37
6	12	12	12	0	35

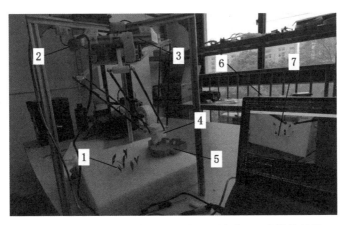

1. 茶叶嫩芽；2. 深度摄像头；3. 并联机械臂；4. 末端执行器；
5. 茶叶收集器；6. 控制器；7. 嫩芽识别图像

图 3-34　室内性能测试平台

（二）田间性能试验

为测试机械臂在田间情况下的工作性能，在四川省都江堰市青城道茶观光茶园开展田间采摘试验，茶树品种为道茶，茶树冠层为弧形，平均高度60cm、平均宽度80cm，树冠采摘面最大倾角约为20°，茶行树冠间距40cm。在茶园中选取了6个有代表性的茶叶采收点，将机械臂安放在采摘点上方，打开机械臂，采摘摄像头范围内的茶叶嫩芽，记录机械臂采摘所有嫩芽所用时间、对嫩芽识别准确率、嫩芽损伤个数和嫩芽总数，试验结果见表3-12，室外性能测试试验台如图3-35，末端执行器采摘嫩芽场景如图3-36。

表3-12　单机械臂田间性能测试结果

试验次数	嫩芽总数（个）	识别嫩芽个数（个）	采摘嫩芽个数（个）	损伤嫩芽个数（个）	采摘总时间（s）
1	8	7	6	1	21
2	11	9	8	2	29
3	9	7	7	0	26
4	8	8	6	0	22
5	10	8	7	2	25
6	12	9	7	1	27

茶园试结果表明，6次采摘试验中，茶叶嫩芽平均识别准确率为83.68%，茶叶嫩芽平均采收率为85.81%，茶叶嫩芽平均损伤率为14.95%，平均单个嫩芽采收时间为3.66s。

1.控制器；2.深度摄像头；3.并联机械臂；
　　　　　4.末端执行器

图3-35　单机械臂茶园测试平台

1.末端执行器；2.茶叶嫩芽；3.茶叶采摘点

图3-36　末端执行器采摘嫩芽图

（三）田间整机测试

为测试整机性能，在四川省都江堰市青城道茶观光茶园开展了田间采摘试验。试验随机选取 1 条长为 10m 的茶垄，在茶垄上选取 6 块长度为 1m 的采摘区域，控制茶叶采摘机器人在选定的区域内进行采摘，共进行 6 次采摘试验，记录采摘区域内的茶叶嫩芽总数、机器人识别到的嫩芽个数、机械臂采收到的嫩芽个数、嫩芽损伤的个数和每次采摘试验的用时，试验结果见表 3-13。

表 3-13　田间整机性能测试结果

试验次数	嫩芽总数（个）	识别嫩芽个数（个）	采摘嫩芽个数（个）	损伤嫩芽个数（个）	采摘总时间（s）
1	32	29	24	3	50
2	25	22	19	2	45
3	29	26	24	3	49
4	21	19	14	1	36
5	27	24	21	4	47
6	31	26	21	2	50

田间整机测试结果表明，3 次采摘试验中，茶叶嫩芽平均识别准确率为 88.58%，茶叶嫩芽平均采收率为 83.90%，茶叶嫩芽平均损伤率为 11.87%，平均单个嫩芽采收时间为 2.28s。整机的实物如图 3-37 所示。

图 3-37　作者团队研发的多机械臂茶叶采摘机器人实物

（四）试验总结

对比 3 个条件下茶叶嫩芽平均识别准确率可看出，在理想条件下，图像识别算法对茶叶识别的准确率达到了 100%；在茶园环境中，由于场景较为复杂，图像识别算法准确率有所下降，单摄像头的平均识别准确率为 83.68%，采用数据融合后图像识别的准确率为 88.58%，相比未使用数据融合的图像检测算法提升了约 5 个百分点。

对比 3 个条件下嫩芽的平均采收时间可以看出，理想条件下机械臂对单个嫩芽的采收平均时间为 2.75s；茶园环境中，机械臂对单嫩芽平均采收时间为 3.66s，使用多机械臂联合采收后，单个嫩芽的平均采收时间为 2.28s，效率提升了 60.53%。

对比 3 个条件下采收率可看出，在户外条件下，由于茶叶生长情况较为复杂，机械臂并不能准确地摘取识别出茶叶嫩芽，平均采收率保持在 80% 以上。使用多机械臂的茶叶采摘机器人茶叶采收率略低于单机械臂，这是由于地面不平整，机器人行走的时候出现抖动导致抓取的成功率降低。

作者团队为实现茶叶嫩芽的自动化采摘，设计了一台多机械臂茶叶采摘机器人，并在室内条件和田间条件展开相关的实验测试整机性能，结论如下：

①使用数据融合的图像算法能够有效地提升茶叶嫩芽识别的准确率，测试结果表明，使用多角度采集图像并进行数据融合的方式相比于单角度图像识别，对于茶叶嫩芽识别的平均准确率提升约 5 个百分点。

②使用多机械臂协同作业有效提升了采茶机器人的作业效率。测试结果表明，使用多机械臂结构的茶叶采摘机器人采摘效率相比于单机械臂采摘提升了 60.53%。

经过对创新成果进行反复的田间测试，机械结构、控制电路和软件都得到了优化提升。优化后的创新产品委托四川省级农机鉴定机构进行了测试（图 3-38），为产品的大规模推广应用做好准备。

综上所述，本研究设计的多机械臂茶叶采摘机器人可基本完成茶叶嫩芽的采收工作，在茶叶识别准确率和采收时间上相比于单机械臂单摄像头的采摘方式都更有优势，但在采摘过程中也出现了漏采和嫩芽损伤的情况，这些问题都是后期研究的重点方向。

图 3-38　多机械臂茶叶采摘机器人测试报告

第三节　园艺估产系统

一、背景

我国是茶叶大国，茶叶种植面积和产量分别占世界总量的 61% 和 42%，位居世界第一。我国的名优茶更是驰名世界。其中，明前茶由于采摘时段早，故受虫害少，芽细叶嫩，但由于清明节前气温普遍偏低，生长速度也就相对缓慢，能达到采摘标准的数量是很有限的，故明前茶又是上品中之极品，有"明前茶，贵如金"之说法。茶叶估产能够为在采收时间和采摘量之间寻求收益最大化提供可靠的数据支持，直接关系到农户的经济收入。目前，针对小规模茶园的估产还没有一个较为高效的办法。茶农们大都凭借着以往的经验或直接采摘后称重来估计亩产量，这种方法获取信息滞后，不具参考价值。另一方面，茶园环境复杂，嫩叶目标小，茶叶间会出现互相遮挡。这些因素导致芽叶的识别检测十分困难，给提前估产带来挑战，因此有关茶园估产的报道较少。

随着信息处理技术的发展，针对小麦、大豆、油菜等大规模种植的经济产物的估产技术较为成熟。常用的估产方法有田间抽样调查法、农业气象模型估产法、基于光谱指数的作物估产法、基于图像的作物估产法。田间抽样调查（以水稻为例）主要步骤为：在大田中按面积等距或者按组平均抽样法选取若干代表性小田块，水稻成熟后，收获小田块中水稻，并对其进行人工脱粒和后续的一系列考种步骤，提取产量相关四因素，最后利用公式折算出该片田块的水稻产量数据（刁操铨，1994）。现有的利用农业气象模型来估算产量的方法，大部分都是通过研究对作物产量贡献性较大的气象因子，分析因子之间相关性，随后利用回归建模来预估作物的产量情况。例如，陈冬梅等（2021）使用自适应增强的 BP 模型，结合 59 个县市的地面气象数据，对浙江省的茶叶产量进行预测。遥感估产主要利用多光谱相机来获取作物不同光谱波段下的反射指数信息，结合作物农艺学性状，综合构建产量预估模型。例如，王鹏新等（2021）通过遥感技术，选取玉米植被温度系数和叶面积指数为特征变量，通过极限梯度提升法和随机森林算法对玉米单产进行估测，有效地估计了河北中部平原玉米估测单产随年份发生波动变化。

目前，已经有了很多成熟的深度学习算法用以检测目标的数量，其主要包括：以 YOLO 和 SSD 为代表的一阶段快速检测算法，其优点是速度快，但检测精度相对较低；以区域卷积神经网络 R–CNN 为代表的二阶段检测算法，优点是准确度高，缺点是速度慢。

综上所述，现有估产方法多为间接估产，以遥感估产为主流，依赖于遥感数据与样本产量间的映射模型，影响采样精度，且只能针对规模的农作物。针对小规模茶园，本研究提出使用 YOLOv5 算法来识别茶叶嫩芽进行直接估产的方法，通过平均抽样法选取茶园里若干具有代表性的位置采集图像数据，识别出嫩芽数量，再根据模型计算出整个茶园鲜茶嫩叶产量。本方法能够无损快速地估算小规模茶园鲜茶嫩叶产量，并且能够在较长周期内多次采集相关数据，建立一段时间内预估产量变化曲线，便于农户对茶叶的生长信息做到实时监控，为茶叶品质的田间管理提供理论数据支撑。

二、方法

作者团队从 2020 年初在四川开展茶叶的估产研究。试验研究的地点位于四川省都江堰市的青城道茶观光茶园。核心园区面积 5500 亩，可植茶面积 2 万余亩。采集茶叶品种为青城道茶。图像采集设备为 Intel RealSense D435i 摄像头，分辨率为 1920 像素 ×1080 像素。采集茶叶图像数据时，为保证训练模型的鲁棒性，拍摄高度范围 50 ～ 80mm，角度范围 –30° ～ 30°，时间段 10:00 ～ 14:00，天气情况为晴天、阴天两种。数据采集时间为分别为 2021 年 4 月份、7 月份和 9 月份，采集春茶、夏茶、秋茶图像共计 1000 张，作为实验所用数据集。模型的训练测试环境为 Intel Corei7–10750H CPU 对应频率为 2.60GHz，NVIDIA GeForce RTX2060，16G 内存，软件环境为 python3.6，pytorch 深度学习框架，操作系统为 Windows10。

图像的预处理使用在线工具 makesense.ai 对茶叶图像数据进行了标注，标注茶叶嫩芽的最小外切矩形。标注对象为嫩芽的一叶一芽，标注完成后对图像进行了归一化处理，将目标的实际数据除以图像的宽度和高度，将图像的像素坐标映射至 0 ～ 1 区间内，使得在训练的时候能够更快地读取数据。共标注图像 1000 张，其中 800 张用于模型的训练，200 张用于模型的测试。但实际上深度学习需要大量数据，1000 张图片还远远不够，因此对本数据集进行数据增强从而增加数据的训练量。通过旋转、裁切、缩放、改变色调等方式最终生成用于训练的 8000 幅图像，如图 3–39。

（a）原图　　　　　　　　　　（b）随机裁剪

（c）随机旋转　　　　　（d）色度、对比度变化

图 3-39　数据增强

三、模型

YOLOv5 是 YOLO 系列算法最新版本，该算法在保证识别准确率的同时，具有较小的网络结构模型，在检测速度上优于其他神经网络算法，适合用于场景复杂的茶叶图像检测。YOLO 算法的核心思想是将输入图片划分为 7×7 个网格，目标中心所在的网格负责预测该目标。每个网格负责预测 2 个目标框，该目标框回归位置坐标以及预测置信度值，在网络结构上 YOLOv5 算法主要分为 Input、Backbone、Neck、Prediction 四个部分，网络模型如图 3-40。

尽管 YOLOv5 尚未对 YOLO 模型提出新颖的模型体系和结构改进，但是 YOLOv5 还是改善了目标检测方法，并且引入了新的 PyTorch 训练和部署框架，

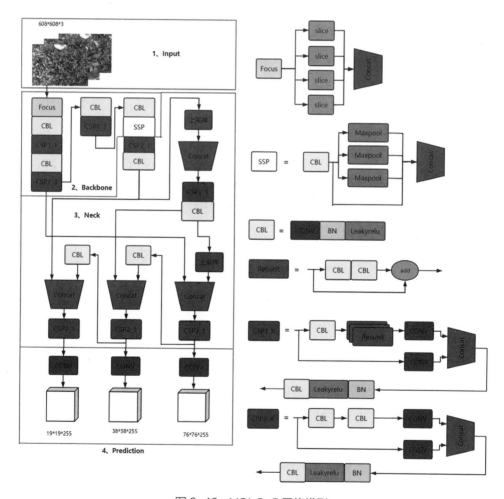

图 3-40　YOLOv5 网络模型

使得自定义模型的训练更加方便。

（1）损失函数

YOLOv5 的损失函数（L_{total}），由边界框置信度损失（L_{conf}）、类别损失（L_{cla}）及坐标损失（L_{GIoU}）三部分构成，其中置信度损失和类别损失采用交叉熵的计算方法。

$$L_{\text{total}} = L_{\text{conf}} + L_{\text{cla}} + L_{\text{GIoU}} \tag{9}$$

其中

$$L_{\text{conf}} = \lambda_{\text{obj}} \sum_{i=0}^{S^2} \sum_{j=0}^{B} I_{ij}^{\text{obj}} \left[-\hat{C}_i \ln C_i - \left(1 - C_i\right) \ln \left(1 - C_i\right) \right] + \lambda_{\text{nobj}} \sum_{i=0}^{S^2} \sum_{j=0}^{B} I_{ij}^{\text{nobj}} \left[-C_i \ln C_i - \left(1 - C_i\right) \ln \left(1 - C_i\right) \right]$$

$$L_{\text{cla}} = \sum_{i=0}^{S^2} \sum_{j=0}^{B} \sum_{c \subset \text{cla}} I_{ij}^{\text{obj}} \left\{ -\hat{p}_i(c) \ln \left[\left(p_i(c) \right) \right] - \left[\left(1 - p_i(c)\right) \right] \ln \left[\left(1 - p_i(c)\right) \right] \right\}$$

$$L_{\text{GIoU}} = \sum_{i=0}^{s^2} \sum_{j=0}^{B} (1 - GIoU)$$

（2）评价指标

为评价图像识别算法的性能，本研究选取平均准确率（mAP）作为算法的主要评价指标。mAP 的计算公式如下：

$$\text{精度（Precision）} \quad P = \frac{TP}{TP + FP} \tag{10}$$

$$\text{召回率（Recall）} \quad R = \frac{TP}{TP + FN} \tag{11}$$

$$\text{准确率（Accuracy）} \quad AP = \frac{1}{N} \sum p(r) \tag{12}$$

$$\text{平均准确率（mAP）} \quad mAP = \frac{1}{N} \sum_{i=1}^{N} AP_i \tag{13}$$

其中，TP 表示正样本预测正确的数量，FN 为负样本预测错误的数量，FP 为正样本预测错误的数量，$p(r)$ 为不同查准率 r 下对应的查全率 p，AP_i 为第 i 类的检测准确率，N 为类别数量。

（3）模型建立

本研究提出的鲜茶嫩叶估产方法分为两个部分：一是通过采集茶园图像数据训练神经网络模型，用以快速地检测出茶叶嫩芽的数目；二是构建茶叶嫩芽数目与产量间的关系，即需要通过试验找到嫩芽数目与产量之间线性相关的关系。

本实验采集数据为茶叶正射影像，由于茶叶嫩芽都生长在枝条末端，在标准化种植的茶园中（图3-41），茶叶嫩芽之间遮挡情况不严重（图3-42）。

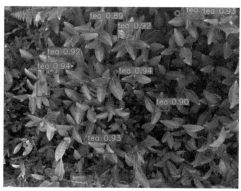

图 3-41　标准化种植茶园整体图　　　　图 3-42　标准化种植茶园局部图

从图3-41中可看出，茶叶嫩芽大都生长在茶棚顶端的弧面上。因此可近似认为从无遮挡的二维平面进行计数和密度估算，采用检测法估算幼苗的种植密度较为合适。该方法利用地面采样距离和选取像素区域首先计算出区域面积 S，然后根据识别的茶叶嫩芽数 N_e，估算幼苗种植密度 R_e。

$$R_e = \frac{N_e}{S} \tag{14}$$

再根据茶场总面积 S_T 估算茶叶嫩芽总数 P。

$$P = R_e S_T \tag{15}$$

最后根据嫩芽数量与产量之间的关系确定茶园总产量 M。

$$M = kP + b \tag{16}$$

其中 k 代表嫩芽产量与数目之间的比例系数，b 代表偏差。

联合以上公式可得出茶叶产量 M 的计算公式：

$$M = kS_T \frac{N_e}{S} + b \tag{17}$$

（4）模型验证

为确定茶叶嫩芽数目与产量间的线性关系，设计试验分别称取10g、20g、30g、40g、50g、60g、70g、80g重量的茶叶嫩芽，对于每组重量称三次，记录其中嫩芽的数目。再通过最小二乘法拟合出茶叶嫩芽数目与产量间的关系曲线。

为验证本试验所用YOLOv5算法性能，试验对比了YOLOv5、SSD 和 Faster R-CNN这三种分别能够代表一阶段和二阶段检的测算法对于同一数据集的识别效果，在同一硬件平台训练相同的数据集样本后，通过比较平均准确率、平均检测时间、网络模型大小这几个参数，选择适合用于茶叶估产的算法模型。

R-CNN 作为二阶段检测算法的经典代表，经过历年的迭代由最开始的 R-CNN 发展为现在的 Faster R-CNN。所谓的 R-CNN 就是 Region+CNN。Region 就是二阶段检测算法的第一阶段，生成候选框，R-CNN 对于候选区域的确定是通过窗口扫描的方式，就是在视图起始点中确定一个选框，然后每次将选框移动特定的距离（图 3-43），再对窗口中的物体进行检测。CNN 是二阶段检测算法的第二阶段，即对输入图片通过"降维"（卷积、激活、池化）等操作得到图片的特征向量作为全连接层的输入，最后输出结果（图 3-44）。

Faster R-CNN 的主要改进点在于：首先将图片输入到 CNN 得到特征图；划分出特征图中的 RPN 区域得到特征框，在 ROI 池化层中将每个特征框池化到统一大小；最后将特征框输入全连接层进行分类和回归。

YOLO 和 SSD 作为一阶段检测算法，省去了候选区域的选择，直接将图片的特征图分成 n×n 个块，在每个块的中心点预设 4 ~ 6 个默认候选区域。训练时，将生成的默认（图 3-45）候选区域与实际标注区域（图 3-46）做交并集合处理，并计算 IoU 值，若 IoU > 0.5，即其与实际区域正匹配，这样就能得到目标的大致形状。

综上可看出二阶检测算法有精度高的优势，但检测速度上不及一阶检测算法，因此设计试验对比评估各算法的优势，并结合茶园实际情况选择茶叶的图像检测算法。

选择一块长 50m、宽 5m 的茶园试验场地，试验地点在四川省都江堰市青城道茶观光茶园，如图 3-47。试验场地共使用三条茶垄，每条宽 1m、长 50m。

图 3-43　滑动窗口

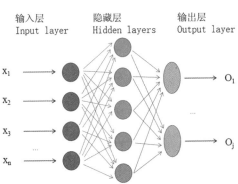

图 3-44　全连接神经网络模型

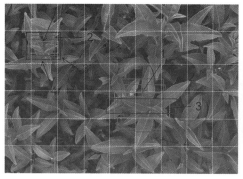

图 3-45 生成默认候选区域　　　　　　　　图 3-46 实际标注区域

使用等距抽样的方式，分别在每条垄相隔 15m 的地方框选 0.5m×0.5m 的方格，如图 3-48 所示，黄色部分为抽样点。茶叶图像数据采集方式如图 3-49，使用铝型材搭建一个 0.5m×0.5m 的支架，把摄像头固定在图像采集区域的正上方，摄像头距离茶叶表面 60mm 拍摄正射图像数据。采集 9 个区域图像送入训练好的神经网络模型计算出单位面积的茶叶嫩芽数量。在根据公式估算出实验场地茶叶总产量，之后对试验场地茶叶嫩芽进行人工收获，用实际产量和估计产量对比计算估算的准确性。最后用此方法结合茶园面积估算出整个茶园的产量。

采集的嫩芽如图 3-50，试验结果见表 3-14。根据表中数据，绘制出茶叶嫩芽数目与产量关系，通过最小二乘法拟合出茶叶嫩芽数量与产量之间的关系，如图 3-51。

图 3-47　试验茶地栽培　　图 3-48　等距抽样调查　　图 3-49　茶叶图像数据采集
　　　　　　　　　　　　　　　示意　　　　　　　　　　方式

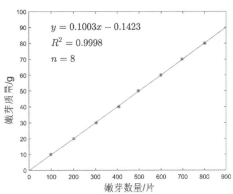

图 3-50　茶叶嫩芽 　　　　　　图 3-51　茶叶嫩芽样本数量与产量关系

表 3-14　茶叶嫩芽产量与数目关系

产量（g）	嫩芽数目（片）			平均数量（片）
	第一次	第二次	第三次	
10	96	94	103	97.7
20	192	209	202	201.0
30	309	312	289	303.3
40	407	402	411	406.7
50	504	495	489	496.0
60	592	599	604	598.3
70	692	686	709	695.7
80	801	809	793	801.0

最终通过最小二乘法确定茶叶嫩芽与产量之间的线性关系：

$$M = 0.1003 P - 0.1423 \qquad (18)$$

其中 P 代表嫩芽个数，M 代表嫩芽产量（单位：g）。线性拟合关系中，决定系数 $R^2=0.9998$，表明茶叶嫩芽的数量和产量之间有高度线性关系，因此通过茶叶数量来估计茶叶产量是可行的。

训练结果如图 3-52，最终模型共训练了 3000 次，YOLOv5 使用 GIoULoss 作为 boundingbox 的损失，图中 Box 为 GIoU 损失函数均值，其值越小表明方框框选越准。图中 Objectness 为损失函数的变化趋势图，从图上可以看出在训练初期，模型的损失值迅速下降，表明模型正在快速拟合，此阶段的学习效率较高。随着迭代的继续，在 300 次左右，损失值的变化速率降低，学习速率减缓。2800 次

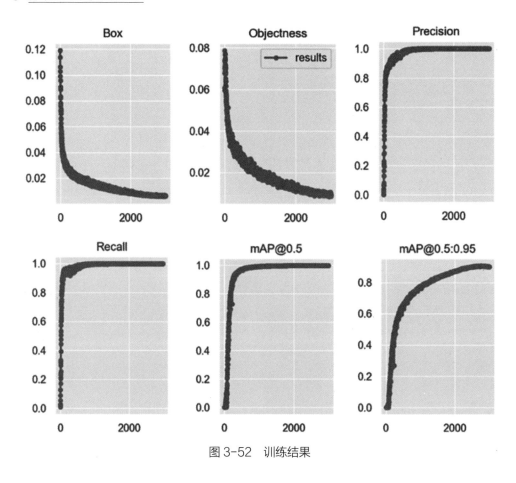

图 3-52　训练结果

左右时，模型的损失值在 0.02 附近达到稳定状态。从 Precision 检测精度上可以看出，训练在迭代到 2000 次左右时精度达到 98.31% 左右。从 mAP 平均准确率上可以看出，训练后期置信度阈值为 0.5 时 mAP 达到了 99.72%，置信度阈值为 0.95 时 mAP 达到了 90.14%。基本满足茶叶产量预估精度要求。

　　为验证本试验选取算法合理性，比较了 YOLOv5 算法和 SSD 算法、Faster R-CNN 算法对相同数据集的训练结果。

　　从表 3-15 中可看出，在平均检测时间上，YOLOv5 对单张图片的处理时间为 9ms，略优于 SSD，明显优于 Faster R-CNN。这是由于使用了一阶检测算法的 YOLOv5 和 SSD 在对图像进行处理的时候无需先生成特征框，使得其识别速度快，要优于使用了二阶检测算法的 Faster R-CNN。

　　在图像识别的准确率上，使用了二阶段检测算法的 Faster R-CNN 的平均准确率达到了 94.34%，高于 YOLOv5 和 SSD，但差距并不太明显。在网络模型的大小上，YOLOv5 的优点体现得较为明显，仅需 13.7MB，这使得 YOLOv5 适合在移动设备上使用。

综合考虑平均准确率、检测时间和网络模型大小后选择使用 YOLOv5 作为茶叶估产的图像识别算法。

表 3-15　不同图像算法对比

模型	平均准确率（%）	平均检测时间（ms）	网络模型大小（MB）
YOLOv5	90.14	9	13.7
SSD	88.46	24	162.8
Faster R-CNN	94.23	116	108.9

田间试验结果表见表 3-16。对于 9 个采样点，各采样点的识别效果如图 3-53。从图 3-53 和表 3-16 看出，对于采样面积为 0.25m² 的各采样点，茶叶嫩芽数量大都分布在 10 ～ 17 个的范围内，对于 9 个采样点，茶叶嫩芽的平均数量在 12.11 个附近，可用此密度来估算整体产量。从表 3-17 中可以看出，对试验面积为 150m² 的茶园预估产量为 0.73kg，实际采收产量为 0.58kg，相对误差为 25.86%。对于茶园该品种茶叶共 30 亩地，预估产量为 97.17kg，当年的实际产量约为 75kg，相对误差为 29.56%。综上，通过图像数据识别的方法估计茶园嫩芽产量基本可行。

表 3-16　嫩芽试验结果表

	采样点								
	a	b	c	d	e	f	g	h	i
嫩芽数量（个）	13	14	11	17	12	11	16	6	9
抽样面积（m²）	0.25								
嫩芽密度（个/m²）	52	56	44	68	48	44	64	24	36
平均密度（个/m²）	48.44								

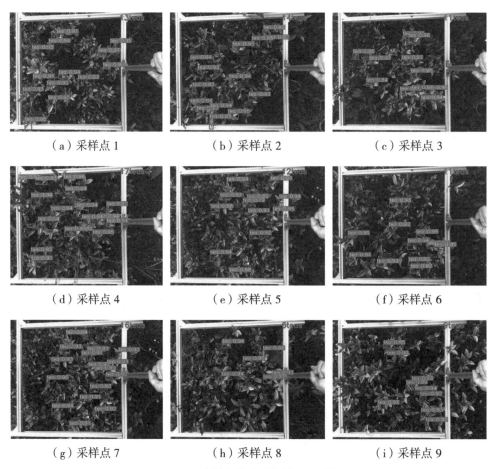

（a）采样点 1　　　　　　（b）采样点 2　　　　　　（c）采样点 3

（d）采样点 4　　　　　　（e）采样点 5　　　　　　（f）采样点 6

（g）采样点 7　　　　　　（h）采样点 8　　　　　　（i）采样点 9

图 3-53　抽样点茶叶嫩芽数量识别效果

表 3-17　茶场估产情况表

	面积（m²）	预估产量（kg）	实际产量（kg）	相对误差（%）
试验区	150	0.73	0.58	25.86
茶园	20000	97.17	75.00	29.56

综上所述，深度学习的估产方法，通过 YOLOv5 算法快速检测出图像数据里的茶叶嫩芽数量，使用等距抽样调查法结合茶园总面积估计茶园鲜茶嫩芽的产量，结论如下：

①通过使用 YOLOv5 深度学习算法，实现对茶园嫩芽的检测。测试结果表明，该算法相比于其他深度学习算法，可以提高轻量化的程度，同时保证识别的准确率，mAP 最高达到 90.14%，单张图片检测速度达到了 9ms，模型大小也是

其他算法网络模型中最小的，满足茶园端移动设备使用需求。

②通过等距抽样调查法和图像识别算法估计出了茶园嫩芽的总数，并结合拟合出的茶叶嫩芽数目与产量之间的线性关系，估计出了茶园的总产量。测试表明，嫩芽估计产量与实际测得产量相对误差在 29.56% 以内，证明本研究具有一定的可行性。如增加更多的样本作为输入，加大随机调查样本量，提高茶园有效种植面积计算的精确度，可以进一步提高模型的精确度和产量估计的准确性。

研究发现估产的抽样调查方法对模型的精度有影响。原因是本研究所用等距法需选取试验茶园的 9 个抽样点，但在试验地点的丘陵地区茶园中，采样点地形差异较大，茶园有效种植面积难以精确计算，最终影响估产精度。

对于小规模的茶园，通过图像处理的方式，使用卷积神经网络模型代替人工去识别茶园嫩芽，结合田间抽样调查的方式，能够较为快速、准确的统计嫩芽的产量，并且能够在较长周期内多次采集相关数据，建立一段时间内预估产量变化曲线，便于农户对茶叶的生长信息做到实时监控，为茶园管理提供实时可靠的数据，从而制定可靠的茶园管理计划，这是小规模茶园估产的一个较好的发展方向。

第四节　本章小结

本章围绕西南地区有代表性的茶叶和柑橘两种作物，介绍了采收机器人的研究思路和进展，针对实际生产需求开发了园艺估产系统，完整地给出了丘区采收机器人的装备体系和模式。

第四章

蔬菜采摘机器人

第一节　番茄采摘机器人

作为世界上第一人口大国，粮食安全和农副产品的充裕供给至关重要。而提高农业生产率的重要手段便是大力发展农业技术与装备。农业装备的技术提升始终跟随着科学技术的脚步。最早的农业主要依靠人畜生产；19世纪的工业革命，促使农业生产告别人力和畜力，从而步入了农业机械化生产时代；20世纪60年代，信息技术的快速发展推动农业装备朝着自动化和数字化方向发展；进入21世纪，智能化农业装备成为全球科技高地，如图4-1所示。农业装备的智能化发展不仅关系到国家农业现代化，而且也是国家科技水平和综合国力的重要标志（刘成良，2020）。

农业机器人作为智能农业装备的典型代表，不仅是农业装备领域的科技前沿，同时也是机器人发展的重要领域（刘成良，2020）。同工业机器人或者其他特种机器人相比，农业机器人工作环境复杂，以非结构环境为主，工作任务具有极大的挑战性。因此，一般而言，农业机器人对智能化程度的要求要远高于其他领域机器人。但因人口老龄化加剧，工业化、城镇化进程加快，激增人口与有限耕地矛盾加剧，全球气候变暖、极端天气频发等问题出现，全球农业面临极其严峻的考验，因此无论是美国、德国、英国、法国等发达国家，还是中国为代表的发展中国家，都力图通过农业机器人技术带动农业升级。

番茄采收是蔬菜高效栽培过程中最重要的环节之一（乐晓亮，2021），突破蔬菜高效采收作业瓶颈已逐步成为国家战略任务。农业农村部将设施蔬菜机械装

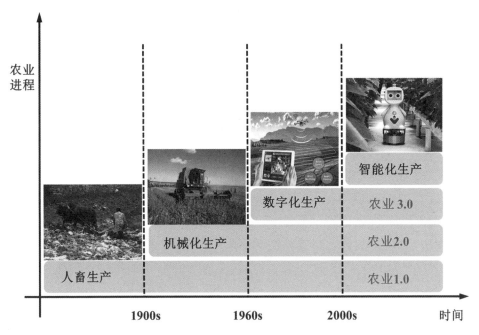

图 4-1　不同时期的农业进程

备体系化发展列为重点，中国农业科学院也积极推动智慧农业学科，建成了国家成都农业科技中心。番茄采收近年来已经成为全球农业研究的热点问题，究其原因主要有以下方面：一是市民对番茄品质要求不断提升，倒逼番茄应在最佳采摘期实现精准采收，每批次番茄口感和糖度要保持较高标准；二是番茄的采收效率既要满足规模化种植高效连续作业的需要，又要适应农业劳动力短缺带来的采摘日期不确定性问题。由于采收精度和规模化采收速度这二者之间的矛盾，鲜食番茄大规模生产一直存在难题。

采收机器人技术是目前国际上最前沿的核心农业技术之一，荷兰、意大利等国将其列为国家战略，积极推动该领域研究，成为国际领跑角色；日本、韩国等国家在采收机器人领域不断投入大量资金，尝试通过采收机器人产业化来抢先占领市场，带动全产业链发展。图 4-2 是国外商业化的番茄采摘机器人（刘成良，2022）。我国科研单位也积极开展相关研究，对黄瓜、甜椒等采收机器人基础性技术有相关报道，存在的问题主要有：一是采用图像等传统的果实识别定位技术存在计算量大、精度差等缺陷，导致单果采摘耗时长、精度低等问题；二是果实被枝叶遮挡，如图 4-3 至图 4-6 所示，番茄的果实和茎秆、叶片存在混生，单一手段识别准确率较低；三是太阳光受设施梁柱遮挡后的阴影对机器人所采集图像产生明显的分割干扰，导致采摘机器人作业精度显著下降。这些问题成为制约机器人进一步发展的瓶颈问题。

图 4-2　国外商业化的番茄采摘机器人

图 4-3　机器人可正常采收的番茄

图 4-4　部分被遮挡的番茄

图 4-5　与茎秆混生的番茄

图 4-6   与叶片混生的番茄

除了上述几种典型的生长方式外，番茄采摘机器人在实际的采收过程中，还会受到光照等诸多因素的干扰。在完成基于机器学习的自动识别模型的训练时，要采集有代表性的番茄样本图像，并进行细致的标注，提高模型的学习效果，促进模型的识别精度。在模型的训练过程中，作者团队也通过试验研究注意到，栽培工艺能显著降低模型的识别难度。番茄栽培工艺从传统的笔直栽培，变为朝外侧倾斜 15° ~ 20°，番茄果实和叶片混生现象将减少一半以上，识别的过程就变得轻松，这说明栽培工艺和装备融合可以降低采摘难度。

采摘过程需要频繁地移动和调整位置来实现蔬菜的精准采摘作业，因此采摘机器人移动底盘技术就成为首要解决的技术难题。为了适应狭小的设施种植环境，采用特殊的万向轮可以减少转向的摩擦力，提高机器人电池的续航时间。作者团队设计了新型机身，采用铝合金材料和镂空机械结构来降低机器人机身的重量，机身喷涂防腐蚀新材料，满足温室内湿热环境的防锈问题。图 4-7 是作者团队开发的采摘机器人移动底盘。

控制电路的稳定性是采摘机器人作业的关键。采摘机器人的作业环境存在湿热、电磁、遮挡等干扰，电路的设计要更多地考虑抗干扰。另外，紧急情况下，机器人要有可靠的应急处理自动控制，避免对人员、作物、设施的碰撞，造成不必要的损坏。图 4-8 是机器人控制电路的设计图。

图 4-7　作者团队开发的采摘机器人移动底盘

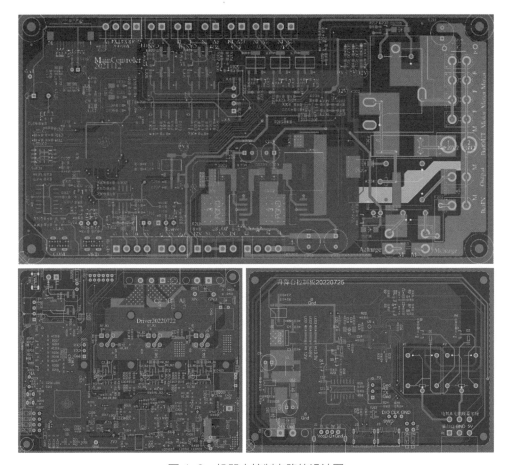

图 4-8　机器人控制电路的设计图

　　机械臂是采摘机器人的另外一个关键点，机械臂是精准采摘番茄的执行机构，需要非常可靠。出于成本考虑，作者团队的研究首先围绕轻型机械臂展开，并以人为模拟的方式设置了柔性障碍物，以研究机器人控制系统的可靠性。图4-9为作者团队开展的机械臂采摘试验场景。在机械臂的末端固定双目摄像头实现番茄的精准定位，将获取的位置信息计算为相对坐标发给控制器，通过控制电路再驱动机械臂精准到达指定位置，完成采摘作业。

　　在上述机械臂采摘试验数据的长期积累基础上，控制模型得到了进一步完善。硬件上通过与国产机器人厂家进行合作，更加灵活的协作机械臂也被引入到作者研究团队。随着底盘、控制电路、机械臂等机器人的各个技术模块不断优化改进，模块化的技术思路日趋成熟，采摘机器人的产业化所面临的技术瓶颈也被逐一打破。作者团队成功研发了新一代的番茄采摘机器人（如图4-10所示）并开始销售。为了提高创新产品的质量，委托四川省级鉴定机构对其进行测试和检验，测试报告如图4-11所示。

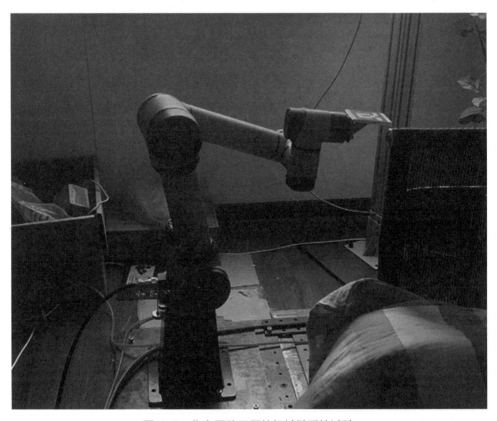

图 4-9　作者团队开展的机械臂采摘试验

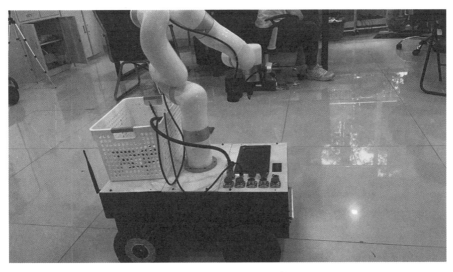

图 4-10 作者团队研发成功的番茄采摘机器人

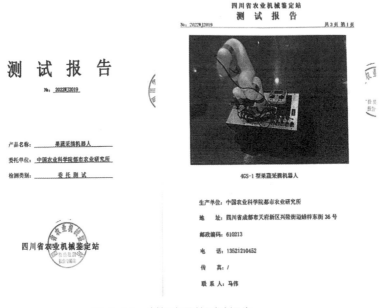

图 4-11 创新产品的测试报告

该机器人的末端执行器为自主研发的剪夹一体机械手，将夹持和剪断两个动作一次完成，完全模拟了人手采摘的作业过程。这种机械手基于成熟的电动工具集成，通过 3D 打印的方式将各种传感器的连接件直接打印。安装后的机械手灵活轻巧，成本也相对较低，损坏件易于更换，能满足农业用途。

　　都市农业作为一种新型农业形态，近年来快速发展。垂直栽培有别于传统的栽培，充分利用了垂直空间，因此配套的采收装备也成为研究的热点。设施垂直栽培是指在设施条件下，通过搭建栽培设施，充分利用立体空间，实现多层栽培，采用农业装备实现水肥自动控制，从而实现高效的农业生产。设施垂直农业具有占地面积小、产量高、景观效果好等优点，并可通过栽培架造型、植物外形和颜色组成图案等多种手段营造引人入胜的都市农业景观，是都市农业发展的重要形式。设施垂直栽培在都市狭小空间中，充分利用高处的空间，因此很大程度上依赖农业栽培装备的应用。

　　设施垂直栽培装备集成机械、电子和软件技术，可利用已有的设施结构，搭建人工的多层种植环境。通过栽培装备的应用，能提高空间利用效率数倍以上，并且具有景观营造的效果。但由于垂直栽培需要上下搬运，作业不方便，因此一些垂直升降装备就被引入进来。图 4-12（a）和图 4-12（b）是两种高空作业机，分别为伸缩式和剪刀式。针对目前设施垂直栽培中，采摘主要靠人工且费时

（a）伸缩式高空作业机　　　　　　　　（b）剪刀式高空作业机

图 4-12　高空作业机

费力的问题，迫切需要对应的采摘机器人进行作业，以便解决垂直栽培方式采收难题。

都市农业中，垂直栽培有很多应用场景，包括环境美化、生活种菜和休闲种花等功能，也可以根据具体的需求加工改造，成为景观的一部分，包括科技展馆、酒店公寓、社区农业等应用场景，如图 4-13 所示。科技展馆中，垂直栽培可以通过构建一个应用场景，发挥农业新品种展示及栽培知识、装备知识科普等功能。也可以通过 led 补光灯，除了提供植物生长所需的光照，还可以提供不同颜色、图案的美观效果。酒店公寓中可以起到处理净化酒店公寓空气的作用，同时满足狭小空间的绿化功能，也可以打造景观墙，形成绿色生活的文化氛围。社区农业中，可以在社区的花园、小区的活动中心等场所布置，形成社区花园、社区菜园等主题文化园，为居民提供一个休闲娱乐的景观，也可以提供生活种菜的乐趣。可以根据需要自行加工一些造型的支架，成为景观的一部分。

垂直农业的发展有其显著的特点，都市型设施垂直农业未来的发展就是挖掘利用城市的垂直空间，形成绿色生活的装饰效果。应用的场景包括但不限于建筑物的外墙、餐厅的隔离墙、运动场的景观墙等。都市型设施垂直栽培装备发展有两个方向：一是栽培装备模块化，模块化的装备易于拼装成不同的造型，完成不同的栽培任务；二是栽培装备无人化，自动采摘机器人等装备将满足垂直农业高层栽培的需求，提升装备的智能化水平将是都市型设施垂直栽培装备的未来。作者团队针对这一发展趋势，研发了垂直农业蔬菜采摘机器人，如图 4-14 所示，并经反复优化测试后开始销售。

图 4-13　中国农民丰收节中作者团队打造的垂直农业模式

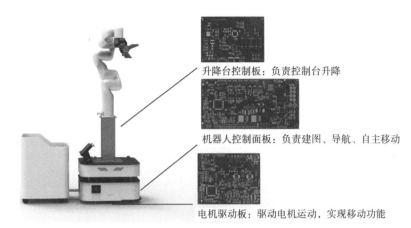

升降台控制板：负责控制台升降

机器人控制面板：负责建图、导航、自主移动

电机驱动板：驱动电机运动，实现移动功能

图 4-14 作者团队研发的垂直农业蔬菜采摘机器人

垂直农业蔬菜采摘机器人设计系统分为底盘驱动系统、采摘系统、可升降平台及收集系统、图像识别系统和风机系统。其中底盘驱动系统包括轮毂及其驱动电机、底盘悬挂结构和底部巡线摄像头等，如图 4-15；机械结构设计图如图 4-16。采摘系统包括柔性手爪和滑轨型机械臂。可升降上部平台系统包括驱动电机及上方平台铝板，并附有机械臂滑轨和图像识别系统、风机系统等结构的安装支架。

激光雷达

充电极片

碰撞传感器   深度摄像头

图 4-15 垂直农业蔬菜采摘机器人底盘

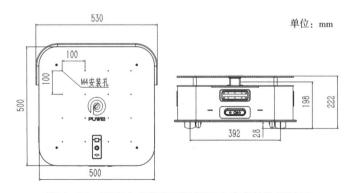

图 4-16 垂直农业蔬菜采摘机器人底盘结构设计图

　　该机器人整个上平台由安装在底盘下平台的垂直升降机构驱动，如图 4-17。滑动机构和升降机构均配有测距传感器，通过所驱动的摄像头识别与捕捉，再通过串行总线将成熟番茄的坐标数据传输至控制器，控制器通过机械臂逆运动学分析驱动机械臂、滑轨与升降平台的联合动作，配合机械臂末端关节动作，即可实现农作物果蔬的采摘，如图 4-18。

　　垂直栽培农艺路线对蔬菜采摘机器人的设计提出了新的要求，采摘机器人结构设计要和栽培装置匹配，机械手要能升高到一定的高度，要能伸入垂直栽培架内部的番茄生长位置点，机械手配备了附有薄膜压力传感器的柔性手爪。图 4-19 是垂直农业蔬菜采摘机器人机械手。作者团队基于 STM32 微控制器，构建了采摘机器人的控制系统，由 Raspberry Pi4B 控制器驱动的 RGBD 深度相机作为成熟作物的识别装置。识别装置优化运用改进型多尺度 YOLO 算法，从不同角度、不同光照强度等环境下进行训练识别。运用 Kneans 聚类算法配合卷积神经网络与双目视觉技术，实现了采摘机器人对目标物的检测与定位。

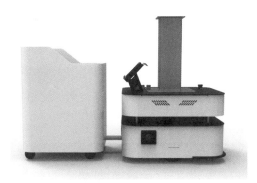 

图 4-17　采收机器人垂直升降平台　　　图 4-18　可垂直升降番茄采收机器人实物

图 4-19　垂直农业蔬菜采摘机器人机械手

根据垂直栽培农艺路线制定机器人作业规程。对比传统的三种机器人作业方式，即地面自由移动式、悬挂导轨移动式、地面导轨移动式等，考虑到日光温室需要利用光能，安装悬挂导轨会占用大量上层空间，对阳光产生遮挡，将严重影响日光温室的透光率，使光能利用率下降。地面安装导轨占用温室内大量种植面积，影响土地利用率，且不利于日常管理。采用地面自由移动式机器人能有效地规避上述难题。地面自由移动式机器人相对于传统转向机构移动平台更加灵活，通过控制各个轮系的转速和方向，即可组合控制实现任意方向的移动，也可进行原地自转的控制，这种设计可以保证在狭窄的区域内不改变自身状态完成采摘任务。

采摘机器人工作时，机械爪的作用是抓紧果实，以便进行果和梗的分离，达到采摘的目的。考虑到成熟果实表皮的力学特性，机器人采摘机构采用柔性手爪，柔性手爪由注塑工艺的橡胶材质制作。该柔性手爪采用三指抓取，由 42 步进电机驱动，手爪动作部分长 95mm，夹取直径为 10～120mm，抓取频率小于 40 次 /min，相邻两指（可动）间距为 8～100mm，柔性手爪总长为 152.5mm，驱动器安装部分高度为 40mm。图 4-20 为柔性手爪结构图。机械手上安装有压力传感器，控制器可以通过与之连接的 AD 转换电路获得抓手内部的压力数据，进一步精准控制采摘力度，从而防止采摘的果蔬因发生机械损伤而导致皱缩、品质降低、快速腐烂等。

采收机器人软件的控制流程如图 4-21 所示，采收机器人的算法如图 4-22。其中，智能图像采集系统完成靶标作物果实的图形获取，如图 4-23。通过控制器中的采摘机器人视觉识别系统完成采摘位姿控制。

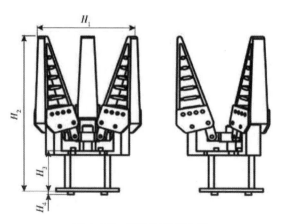

图 4-20　柔性手爪结构图

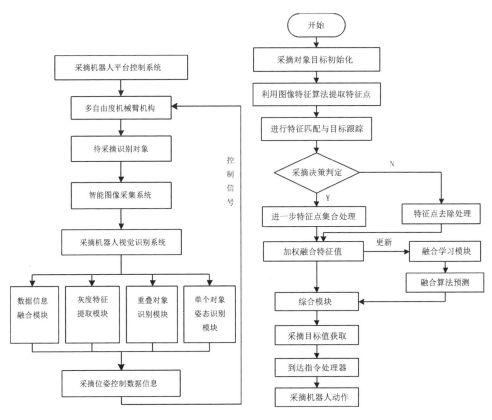

图 4-21 蔬菜采摘机器人软件流程

图 4-22 蔬菜采摘机器人算法

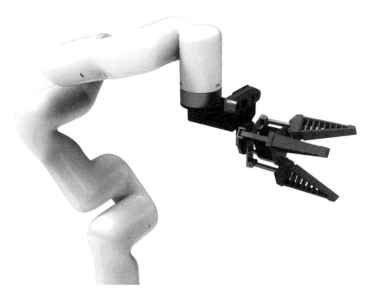

图 4-23 作者团队开发的智能图像—机械臂一体化采集系统

蔬菜采摘机器人未来将朝着更加智能化和精细化的多源感知技术发展。图谱融合感知方法是指将图像和光谱两种手段融合起来,利用高光谱图像"图谱合一"的优势可以对混生的果实和枝叶进行精准的区分和定位识别,同时可对果实的成熟度进行判别。由于番茄精准采摘的强选择性,往往需根据番茄种类、果实体积、成熟度来驱动机器人完成采摘和分级动作,番茄光谱和高光谱图像解析的研究能为实现智能采摘提供关键的基础性技术,将其与机器人系统结合可提高采摘成功率 10% ～ 15%。

番茄采摘机器人对成熟度的识别,有助于在采收果实的同时进行筛选,以此来提高所采摘果实的品质。传统的成熟度筛选主要依靠人工或者机械设备,准确性差,效率低(林伟明,2005)。随着计算机技术的发展,机器视觉技术被应用在果蔬成熟度分级方面,文献中大多采用支持向量机和神经网络方法来实现果蔬成熟度检测或品质分级,这些方法的结果优劣取决于是否有大量可靠的数据集来训练它。表 4-1 对比了一些文献中的方法和结果。由此可知,现有研究中大多训练样本数不超过 100 张,结果参差不齐。

表 4-1　番茄采摘机器人成熟度识别对比

植物种类	任务	颜色空间	算法/方法	训练样本数	测试结果
番茄	裂果检测	RGB	SVM 分类器	50	35 幅图像裂果正确判别率为 97.14%
番茄	成熟度分青熟、半熟、成熟	HSV	K-means 聚类、SVM 分类器	65	100 幅图像成熟度分类准确率均可达到 92%以上
番茄	成熟度分绿熟期、催熟期、半熟期、成熟期和完熟期	HIS、RGB	BP 神经网络	70	100 幅图像正确识别率达 93%
番茄	品质由好到坏分 5 级	RGB	神经网络、极限学习机	840	126 幅图像准确度为 95.5%

番茄成熟度检测主要是考虑温室种植蔬菜,如番茄、黄瓜等,其开花结果的时序不同,果实个体的成熟时间差异大,一次性机械收获难以满足蔬菜果实收获的成熟度、品质和上市标准要求,所以需要分时采摘。这就要求机器人进行采摘动作前需要识别其成熟度,选择满足要求的果实进行采摘。

张靖祺(2019)使用 GrabCut 算法分割番茄图像,利用不同成熟类型的番茄在 HSV 颜色空间中 H 分量的差异明显这一特征，将番茄图像 H 分量的均值利用 K-means 聚类运算后分为青熟、半熟、成熟三个训练子集，设计了 SVM 分类器，成熟度分类准确率可达到 92% 以上。为了解决植物茎秆、吊蔓绳等遮挡番茄果实从而对机器识别造成干扰，王新忠等（2012）提出利用分量颜色特征分割果实敏感区域，通过形态学处理开运算方法去除叶、茎秆和温室附属物等背景噪音，采用区域空洞填充算法消除阳光直射形成的亮斑空洞，用顺序法实现多果实区域边界跟踪，从而识别出果实区域，研究对绿熟期、催熟期、半熟期、成熟期和完熟期五种成熟度的番茄果实进行分级。为提高分级效率，对番茄图像数据集采用神经网络、回归和极限学习机组合处理，实现了 SUB 自适应神经模糊推理系统（MLA-ANFIS）方法的多层体系结构，从而提出了一种直接使用图像数据进行番茄质量分级的深度堆叠稀疏自动编码器（DSSAE）方法，这种方法分析时无需从番茄图像中提取特征，因此运算速度快。

上述报道大多以红色作为番茄果实成熟颜色特征。然而，为了减少在运输过程中对果实的损伤，番茄种植者的实际需求是在果实已经成熟，但是颜色仍是绿色且果实依然坚硬时进行采摘，这样能够使得果实被运送至零售商的时候仍然保持新鲜，并逐渐变成红色。由于绿色番茄颜色与叶片、茎秆相似，以及受光线、阴影等因素影响，具有一定的识别难度，针对该问题，李寒（2017）首先用快速归一化互相关函数（FNCC）方法对果实的潜在区域进行检测，再通过基于直方图信息的区域分类器对果实潜在区域进行分类，判别该区域是否属于绿色果实，并对非果实区域进行滤除，与此同时，基于颜色分析对输入图像进行分割，通过霍夫变换圆检测绿色果实的位置，最后对基于 FNCC 和霍夫变换圆检测方法的检测结果进行融合，实现对绿色番茄果实的检测。该算法对训练集图像中的 83 个果实的检测正确率为 89.2%。

除成熟度识别之外，番茄品质的识别也是个重要因素。例如个别番茄如果破裂，在运输过程中将导致整箱番茄质量下降，造成一定的经济损失，所以提前检测和剔除劣质果实是必需的。刘鸿飞（2018）利用支持向量机分类器对预分割区域进行判别，之后在前景区域利用显著性角点分割构造边缘轮廓集，基于最小二乘法改进的霍夫变换拟合单个番茄目标，最后通过二维 Gabor 小波算子对拟合的单个番茄进行纹理特征提取及裂果判别，番茄果实正确识别率为 91.41%，裂果正确判别率为 97.14%。

第二节　生菜采摘机器人

生菜配烤肉除了俘获你的味蕾以外，生菜还有很重要的营养价值和养生功能。研究表明，生菜含有膳食纤维、钙、多种维生素、叶酸、胡萝卜素以及大量矿物质等营养成分。其中，膳食纤维等有消除多余脂肪的作用，所以生菜又有"减肥生菜"的美誉。维生素 E、胡萝卜素等能保护眼睛，缓解眼睛干涩与疲劳。维生素 C 有助于保持免疫系统健康。此外，每 100g 生菜中含钙 36mg，能强化神经传导功能，缓解神经紧张，有利快速入眠。生菜营养成分如图 4-24 所示。

目前生菜的生产存在难题。全国农业普查数据显示，农业人口比例持续下降，同时年轻劳动力从事农业生产的意愿较低，而生菜种植技术要求又较高，需要年轻劳动力参与，这一矛盾导致生菜等叶菜的生产受到影响。为解决这一矛盾，同时满足短途运输的需要，科学家将注意力转向了城市空间，提出了发展都市农业，以工厂化的方式来生产生菜，如图 4-25 所示。在可控的环境中通过给予生菜所需的营养、光照来进行无土栽培。这种生菜干净，无农药和重金属污染，可实现全年生产，同时，立体空间栽培使得土地利用率大大提高。都市农业在解决不断增长的人口数量与有限的耕地面积之间的矛盾、城市废弃土地资源闲置、农业人口下降等重大问题方面有着极大的潜力，代表着最先进的农业生产力。然而外围设备成本高，加之播种、移栽、管理和收获所需的人工成本，导致

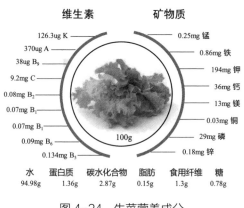

图4-24　生菜营养成分

图 4-25　都市农业生菜生产

市场上出现高价贵族菜问题。不可否认，植物工厂在初期建设和运营过程中成本相对较高，这是导致其很难全面推广的原因之一。

　　生菜采收环节属于劳动密集型作业过程，需要大量的人力资源，全生产过程自动化是其节省人力成本的重要途径。要实现自动化生产，信息的准确、快速、自动获取是前提。例如：采摘机器人需要获得幼苗的位置信息才能完成作业。随着计算机技术的发展，机器视觉在信息获取方面优势逐渐凸显，国内外学者就该技术在植物工厂中的应用作了大量研究工作。机器视觉利用计算机来模拟人的视觉功能，从客观事物的图像序列中提取信息，进行处理并加以理解，最终用于实际检测、测量和控制。该技术优势在于以非入侵方式进行检测，对植物无损，相对于化学物理测量方法而言具有实时、快速、低成本的特点，同时可自主长时间作业。因此机器视觉技术对促进植物工厂自动化生产有非常重要的意义。

　　植物工厂中的采收机器视觉经典系统组成如图 4-26 所示，主要分为图像获取层、处理决策层和任务执行层。图像获取层采集影像数据，并将其转化为图像信息传输给处理决策层以备处理分析，主要部件包括光源、待测物体、光学系统、图像采集卡等。处理决策层通过各种运算获取目标的特征信息，并根据预设参数或内部数据库进行决策，然后向执行层发出指令，其主要部件为计算机系统。任务执行层多为机械模块，根据上一层指令执行作业任务。机器视觉技术对于机器人而言就如同眼睛对于人类一样重要，是机器人信息获取的重要手段，对于农业机器人而言主要体现在视觉导航和靶标识别与定位。

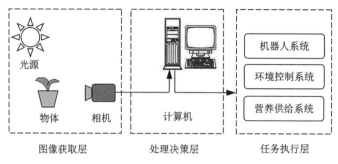

图4-26　植物工厂中的机器视觉系统组成

视觉导航的目的是基于视觉信息实现自动控制，从而实现蔬菜采收机器人的准确移动。视觉导航用摄像头对机器人周围环境图像进行采集、分析，然后规划路径，从而完成机器人的自主导航定位功能。这种方法成本低、精度高、获取信息丰富，适合在室内为机器人导航。

许多学者基于机器视觉开发了导航路径检测算法，其中最常用的是霍夫变换、最小二乘方法和双目立体视觉。霍夫变换具有良好的抗干扰能力，可以减少导航点误差的影响，提高导航路径的拟合精度，但是算法运行缓慢，不能满足实时性要求。最小二乘法是一种数学优化技术，它通过最小化偏差平方和来找到路径的最佳函数匹配，是作物行提取的常用方法，但是在错误点很多时返回的结果不准确。双目立体视觉技术是一种通过两个相机获得两个图像的视差并通过一系列投影逆变换来生成图像对象的三维信息的技术。实际上，两个相机难以同步，因此立体视觉算法的计算通常更加复杂，并且实时性差。针对算法运行慢、易受干扰的问题，Chen（2020）提出一种基于光学系统的中点霍夫变换算法。该方法使用改进的灰度因子和 Otsu 方法对土壤和植物进行分割，然后基于二值图像的白色像素点的相对坐标中心提取导航点，最后通过中点霍夫变换拟合导航路径。改进的霍夫变换比传统的快 45.24ms，平均精度比最小二乘法高 5.1°。

由于遮挡等原因植物工厂中光线变化较大，这对视觉导航精度造成影响。为解决视觉导航易受光照、阴影干扰以及识别实时性差的问题，作者团队采用 K-means 算法对图像进行聚类分割，再用形态学腐蚀方法去除聚类后图像的冗杂、干扰信息，最后用 Canny 算法检测道路边缘。试验结果表明道路边缘检测可适应不同光照条件，与常用阈值分割方法比，道路提取率高，耗时低。上述报道主要针对行间直行导航作了研究，但是在道路尽头转弯处，机器人导航存在效率低、偏差大的问题。为了解决上述问题，重新改进优化 QR 码导航方法，具体为机器人通过识别贴在转弯处的存储有导航和决策信息的 QR 码，便可完成转弯处的迅速精准导航要求。结果表明机器人行驶速度在 2.0m/s 时，QR 码的最大导航偏差为 3.5cm。

靶标识别与定位的目的是获取生菜外形和生长点信息并引导采摘机器人准确到达指定位置完成采摘作业。靶标识别是将植物与背景分离或将水果与植物的其余部分分离的过程，这项任务是机器人自动完成。同时进行地球坐标系、相机坐标系和机器人坐标系之间的转换来获取靶标空间坐标信息，以备机器人执行末端作业。然而，出于多种原因，机器视觉在进行靶标分割时具有一定的挑战性。任烨（2007）采用单连通域分析算法提取每个孔穴中幼苗的叶片面积，并根据此特征对幼苗进行分类，判断出适合移栽的幼苗，并对其定位，其中幼苗准确识别率达到 98% 以上。由于栽培环境、苗种质量、机械损伤等不确定因素的影响，育苗盘会产生无苗穴，要实现智能补植工作，就需要准确识别出接插盘中的无苗空穴。Zhang 等（2019）通过分割育苗盘方格，计算幼苗叶面积，设置阈值来检测无苗空穴并定位，该系统识别精度高，补植效果较好。为使采摘机器人稳定作业，王海青等（2013）采用脉冲耦合神经网络分割黄瓜图像，基于最小二乘法支持向量机（LS-SVM）识别黄瓜，对 70 幅图像进行测试后发现，正确识别率为82.9%。

然而，并不是所有的靶标识别都很成功。作者研究发现，不同的照明条件可能导致靶标外观的颜色发生变化，同时当靶标颜色与背景颜色相似时，识别问题将变得更加困难。针对这些情况，一些文献提出了基于靶标纹理特征和形状特征进行分割的方法，这些方法都需要为定义的特征值选取阈值，所以运算结果受阈值影响较大。用统计方法来提取图像特征是一项重要且实用的技术，其特点在于以统计方式对图像进行建模，从统计角度找到具有最大概率的像素集合。Zhang等（2019）结合条件随机场（CRF）和潜在狄利克雷分配（LDA）两种算法，提出了一种无监督条件随机场图像分割算法（ULCRF），该算法中，LDA 的分割结果被用作 CRF 的初始标记，再利用 CRF 来反映不同类别像素之间的差异。该算法可以对温室植物图像进行快速无监督分割，并进一步对图像中的植物器官（果、叶和茎）进行分割，且分割精度较高。

生菜采收环节解决了第一个靶标识别的问题之后，需要解决的第二个问题是切割装置。水培生菜收获时，割刀切割生菜茎是关键环节之一。水培生菜以鲜食为主，对茎部切口质量要求高。收获装置割台参数不当，不仅会增大茎部切割阻力，影响切口质量；还会增大收获时生菜受力，增加菜叶损伤。为实现省力切割，减小收获过程生菜受力，需对生菜茎部剪切特性进行研究，国外学者已经对多种作物的茎秆进行了力学特性研究，如棉花、水稻、油菜、玉米、芦蒿等。山东农业大学的李玉道等（2011）利用微机控制式万能试验机（型号：WDW-5E）对棉花秸秆进行了剪切力试验研究，并研究了棉花秸秆时间和含水率对剪切力大小的影响，为棉花收获提供最佳收获时期。南京农业大学的施印炎等（2018）对芦蒿的茎秆进行了力学特性研究，通过测量芦蒿茎秆的物理参数，对芦蒿不同部位的进行轴向、径向压缩试验，利用 ANSYS 有限元软件搭建茎秆力学模型，建立了芦蒿茎秆柔性体模型，为芦蒿收获机的研制提供了理论依据。甘肃农业大学的赵春花等（2017）对牧草茎秆进行了力学特性试验研究，利用微机控制电子万能试验机对 4 个品种的牧草进行了拉伸和剪切试验，获得了 4 个品种牧草茎秆力学的相关性特性。江苏大学的马征等（2014）对油菜茎秆进行了弹性力学试验研究，利用 TA-XT2i 型物性测定仪对油菜茎秆整体、油菜茎秆内部和油菜茎秆外壳分别进行了弹性力学试验，得到了三个部位的生物力学特征，为油菜颗粒运动研究提供参考。生菜茎秆的力学特征参数对生菜切割装置的设计具有重要意义，可为生菜无损收获装备的研发提供理论依据和技术支撑，目前国内在这方面的研究还较少。因此作者团队利用质构仪进行生菜根茎压缩力学性能试验和不同因素对生菜根茎剪切力学特性影响的试验研究，旨在填补该领域理论知识空白，为切割装置设计提供理论指导。

试验材料选用成都柏君农业有限公司生产的生菜，栽培方式为水培，生菜品种为意大利奶油生菜，如图 4-27 所示。选取 100 颗处于可采收状态的成熟生菜（本试验选取的是生长期 35 天的成熟后期生菜），选择标准是生菜根茎光洁无杂物污染，叶片完整无病虫害，同时要求生菜采摘过程无机械损伤，在采样后一

图 4-27　意大利奶油生菜

图 4-28　生菜压缩力学性能试验取样部位

个小时内进行试验，避免因放置时间过长而导致水分的流失，影响试验结果。在生菜根茎压缩力学性能试验中选择生菜茎叶结合处最粗的一段（图 4-28），沿着根叶结合处切断，再沿着根叶结合处向下 10mm 处切断，形成 5 ～ 10mm 长度的圆柱段；在生菜根茎剪切力试验和含水率与剪切力关系试验中，将所有毛细根茎捆绑一起进行试验。试验材料预处理结束立即进行相关试验，目的是避免水分蒸发。

生菜在收获过程中，会受到挤压应力，因此生菜根茎压缩力学特性试验可对生菜无损收获提供理论指导。取样处理后，生菜竖直固定在载物台上，使用"柱状"探头，用质构仪上的探头以 1mm/s 的速度向下运动，对生菜茎秆施加轴向压力，直至生菜茎秆被完全压缩至破裂，获得时间 - 压力曲线图，采用比较常用的曲线拟合方法——最小二乘法对时间 - 压力曲线图进行拟合，找到拟合后曲线上的直线线段，根据公式（19）计算出生菜根茎的压缩弹性模量 E 为：

$$E = \frac{\sigma}{\varepsilon} = \frac{\Delta F / A}{v \cdot \Delta t / h} = \frac{h}{vA} \cdot \frac{\Delta F}{\Delta t} = \frac{kh}{vA} \tag{19}$$

式中：ΔF 为曲线上线性变化区间的压力增加量，N；A 为生菜样品的横截面面积，mm^2；v 为质构仪探头的下降速度，mm/s；Δt 为曲线上线性变化区间的时间增量，t；h 为试验样品的长度，mm；k 为曲线上线性变化区间的直线斜率。

生菜茎秆轴向和纵向压缩力学性能参数实验结果见表 4-2、表 4-3。

表 4-2　生菜茎秆轴向压缩力学性能参数

编号	高度（mm）	直径（mm）	面积（mm²）	k 值	轴向压缩弹性模量 E（Mpa）
1	5.94	5.4	22.89	2.8	4.36
2	7.81	5.6	24.62	2.32	4.42
3	8.93	5.68	25.33	2.14	4.53
4	10.03	6.1	29.21	1.96	4.04
5	8.2	6.03	28.54	2.52	4.34
6	9.35	5.88	27.14	2.36	4.88
7	7.63	6.22	30.37	2.47	3.72
8	9.48	6.2	30.18	2.52	4.75
9	8.66	5.9	27.33	2.41	4.58
10	7.45	5.39	22.81	2.34	4.59

表4-3　生菜茎秆纵向压缩力学性能参数

编号	长度（mm）	直径（mm）	纵截面面积（mm²）	k 值	纵向压缩弹性模量 E（Mpa）
1	4.51	4.6	20.75	15.2	20.22
2	6.58	5.2	34.22	20.1	18.33
3	7.45	6.2	46.19	22.5	18.12
4	6.53	5.3	34.61	21.7	19.94
5	5.89	4.9	28.86	19.6	19.97
6	6.87	5.3	36.41	24.5	21.40
7	7.12	5.2	37.02	23.4	19.72
8	6.58	6.2	40.80	22.4	20.43
9	7.49	4.8	35.95	23.5	18.83
10	7.45	5.9	43.96	24.2	19.49

通过研究发现，生菜茎秆的轴向弹性模量范围为 3.72 ～ 4.88Mpa，纵向弹性模量范围为 18.12 ～ 21.40MPa，这些关键参数可为生菜采收的力学模拟计算、生菜采收机器人关键部件研究提供理论依据。

基于上述力学理论，设计生菜采收机器人的采摘机械手。在机器人前进过程中，当光电开关为触发状态时，机器人停止前进，机械手采摘叶菜，完成后，丝杠上升，到达指定位置后，机械手打开叶菜掉落，然后丝杠下降回到初始位置，完成一次采摘工作，然后机器人继续前进，如图 4-29。

生菜采收机器人采用龙门式结构设计，机器上设有 4 组可单独作业的机械手，可同时进行 4 行生菜的对行采收作业，一次作业行走可完成 4 行的生菜采收，如图 4-30。配合生菜收集输送带，实现连续作业和生菜装箱。刀片采用组合式结构，可以方便更换刀片，以降低售后维修成本。作者团队在完善了该创新产品后对其进行了省级检测，图 4-31 为检测报告。

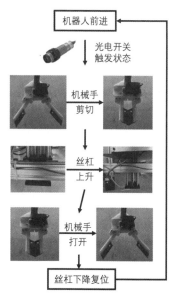

图 4-29　生菜采摘机器人作业流程

图 4-30　作者团队开发的生菜采收机器人

图 4-31　创新产品检测报告

　　采收后的生菜根据需要进行分级。就植物或果实分级而言，大部分文献采用有监督学习过程的支持向量机和神经网络方法，这些方法的运算结果优劣完全取决于是否有大量可靠的数据集来训练它，模型训练到模型使用需要花费大量的时间，这个过程对于计算机硬件要求也较高。就目前来看，绝大多数报道用于分类器训练的图像样本不超过 100 幅，数量严重不足，因此分类效果差异较大。相对而言无监督分类算法无需训练样本即可支持分类，该方法在处理大型非结构化图像存储库时是理想的选择，同时无监督分类效率高，因此，精度高、速度快的无监督分类算法开发是一个发展趋势。

生菜采收机器人研究还存在诸多不足之处：

一是基础理论研究不足。机器视觉技术在信息采集时，因生菜在相同生长条件下其植株参数具有变异性，单株生菜的生长参数不具有代表性，不能作为决策依据，但是采集全部生菜图像进行研究又不现实。另外，植物工厂的种植结构（立体或平面）和环境不均匀性（气流运动、温湿度）均会导致不同区域的生菜植株生长状况差异性，如何科学合理地根据植物工厂环境特点，部署机器人视觉检测，以反映全部植物的生长状况是一个未知的领域。这些方面理论知识的空白将严重影响机器视觉技术在植物工厂采收中的应用效果。在未来研究中，可通过机器视觉获取大量生菜的生长状况信息，建立相应的数据库，同时融合多种数据，基于深度学习技术来挖掘各个因素之间的联系，从而建立高精度、可靠性好的生菜生长模型、植物表型模型等，提高采收和分级的精度。

二是图像采集硬件缺乏。图像质量直接影响着后期处理精度。现有研究在图像采集方面多采用深度摄像头进行人工采集，难免会引起图像质量参差不齐，同时也不利于植物工厂控制模型发展。少数研究人员通过安装在机器人上的工业摄像头采集图像，但其防抖效果不佳，同时相机采集空间尺度有限，对于多层垂直空间分布植物的图像采集无能为力，适用范围窄，而且成本较高。长远来看，图像采集装备作为视觉传感器，应与其他传感器一样，性价比满足农业生产的需要。急需研发出一些精度高，适用性强，成本低的产品，同时还需要考虑其应用场景，研发出适合在植物工厂内运行的滑轨、近距离或远距离拍摄的配套装备，确定相应的生菜图像采集标准（图4-32），从而促进图像采集软硬件和农艺的规范化融合，促进整个产业链的规范化、标准化、规模化发展。

图4-32　生菜图像采集标准

上述两个瓶颈问题如果得到解决，生菜采收机器人将加速发展。未来生菜采收机器人通过集成传感技术、监测技术、人工智能技术、通信技术、精密及系统集成等技术将变得更加智能。这些机器人能够精准感知生菜的生长状况，并自主决策，然后执行相应的工作任务。配合植物工厂中的智能环境控制系统，生菜生产从播种、育苗、移栽、管理到后期的采收包装，整个环节的工作均可由机器人来完成，生产几乎实现了无人化。

生菜采收机器人相比于传统人工生产，可 24 小时不间断作业，效率高，作业效果好，同时不会造成蔬菜损伤和污染。如此高效的生产方式不但解决了无人生产生菜的问题，而且使得农业的科技含量得到增强。从农户角度看，生菜采收机器人可以为农户减少劳动量、减少生产成本、提供生产效率，实现增产增收；从农业装备角度看，农业机器人是新一代农业装备，提高农业装备的智能化与自动化程度，彻底改变农业生产的"脏、累、苦"的印象，让农业生产也可以变得高大上；从国家的角度看，农业机器人可以体现国家的农业生产技术水平，让依托科学技术的高附加值农产品在国际上具备较强的竞争力。

作者团队成功研发了生菜采收机器人（图 4-33），该机器人具备满足规模化生产的高速识别系统，从识别到采摘装箱仅需几秒钟，满足了连续化作业要求。此外，该机器人还具备连续采收和平稳装箱性能，利用柔性对象仿生触觉技术使机械手具备快速移动、轻柔急停的功能，达到平稳装箱的作业性能。

图 4-33 生菜采收机器人采收场景

第三节　蔬菜估产系统

　　工厂化生菜采收环节属于劳动密集型作业过程，需要大量的人力资源，全生产过程自动化是其节省人力成本的重要途径。要实现自动化生产，信息的准确、快速、自动获取是前提。随着计算机技术的发展，机器视觉在信息获取方面优势逐渐凸显，国内外学者就该技术在生菜生产中的应用作了大量研究工作。从图像序列中提取信息，进行处理并加以理解，最终用于指导机器人进行生菜实时检测、估产、采收等作业。

　　YOLO（You only look once）网络是一种通用的 one-stage 目标检测算法，通过单个卷积神经网络处理图像可直接计算出多种目标的分类结果与位置坐标。生菜采收机器人只需检测单种目标，因此，在 YOLOv3 网络的基础上采集不同光照条件、视角以及相机抖动条件下的生菜图像，采用神经网络模型对其进行模型训练，以期为生菜的自动化估产采收提供理论依据。

　　模型如图 4-34 所示，建模所需采集的图像如图 4-35 所示。

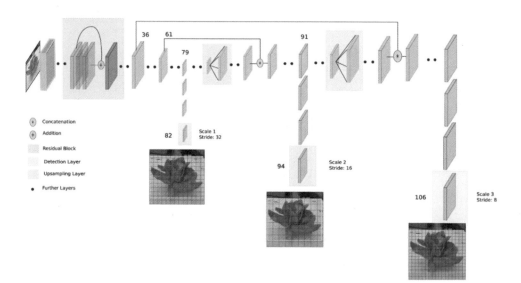

图 4-34　轻量化卷积神经 YOLOv3 网络示意图

图 4-35 建模所需采集的图像

生菜图像采用 HIKVISION MV-CA050-20UM/C 相机（Hangzhou Hikvision Digital Technology，杭州，中国）带有 USB 端口，相机镜头的焦距为 25mm。相机安装在相机支架上，在距地面 1.8m 处拍摄幼苗，获取的图像通过 USB 线传输到计算机，以 JPG 格式保存为 RGB 色彩空间的 24 位彩色图像。原始图像为 2560 像素×1920 像素。得到 JPG 图像后，需要缩小图像尺寸以减少计算量。图像尺寸从原始尺寸 2560 像素 ×1920 像素缩小到 320 像素 ×237 像素。图 4-35 是图像采集的数据。图 4-36 是图像标注现场。

作者团队基于 YOLOv3 和 Darknet 深度学习框架进行生菜自主识别模型训练，实现生菜自主识别与估产的目的，为机器人后续进行对靶喷雾、营养胁迫检测、产量估算、病虫害检测以及采收等作业提供产量基础。图 4-37 是作者团队开展的自主识别模型训练，模型识别精度目前达到了 91% 以上。

综上所述，深度学习识别模型可以很好地对蔬菜采收对象的特征进行提取和解析，获取的蔬菜信息可用于蔬菜的估产。模型通过后期大量数据的采集，可以不断地修正，以便提高估产的精准性和普适性，估产结果可为蔬菜采收机器人采收计划的制定提供科学依据。

图 4-36　图像标注现场

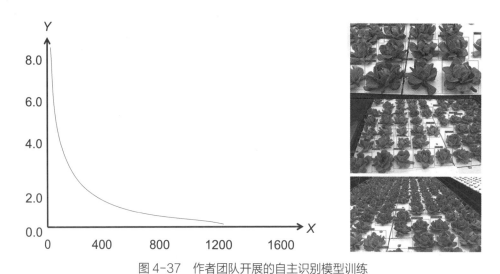

图 4-37　作者团队开展的自主识别模型训练

第四节　本章小结

  本章从番茄采摘机器人和生菜采摘机器人两个方面介绍了作者团队的研究进展，并针对蔬菜采收机器人研究过程中遇到的问题及解决办法进行了分析，搭建了蔬菜估产系统并开展应用。

第五章

食用菌采收机器人

　　食用菌营养丰富，含有多种对人体有益的营养元素。食用菌蛋白含量高、氨基酸种类丰富，具有提高人体免疫力、抗氧化、降血脂等功效（唐梦瑜，2022），是发展都市农业亟需的非常典型的无公害食品。随着新的品种不断得到推广（如图5-1所示）食用菌受到消费者的普遍青睐，市场供不应求。另外食用菌种植有利于环境资源保护、废料循环，丘陵山地也可以普遍种植。

　　我国食用菌栽培历史至今已有1000多年。我国目前也是食用菌生产、消费和出口大国，2014年以来，我国食用菌总产量连续平稳增长，2021年12月，中国食用菌协会发布《2020年度全国食用菌统计调查结果分析》，该协会对全国28个省、自治区、直辖市（不含宁夏、青海、海南和港澳台等省区）开展了详细的统计调查，调查结果显示，2020年全国食用菌总产量4061.43万t，同比增长

图 5-1　竹荪菌

3.2%，总体来看，我国食用菌产量排名前十地区产量均在 100 万 t 以上，产量规模首次突破 4000 万 t。食用菌的生产已经成为农业经济发展的重要支柱。

　　我国的食用菌栽培分为自然栽培和工厂化栽培两种（如图 5-2 所示），两者各有优势（唐梦瑜，2022）。自然栽培是在自然环境下生长，通过塑料布遮光或在林下树荫环境下进行的食用菌生产，如图 5-3；工厂化栽培是指在设施环境内，通过栽培架进行食用菌周年生产（周砚钢，2020）。工厂化栽培包括单层种植（如图 5-4）和垂直多层种植（如图 5-5）。

图 5-2　自然栽培和工厂化栽培示意图

图 5-3　羊肚菌栽培　　　　　　图 5-4　作者团队参与的食用菌单层种植

　　垂直多层种植可达到15层，极大地利用了设施内的垂直空间，作为都市农业的典型代表，垂直栽培可提高单位土地面积的产量到10倍以上，用最少的土地生产最多、最健康的食用菌产品，见图5-5。作者所在单位的同事甘炳成为此进行了多种尝试，探索了多种食用菌工厂化栽培的农艺方法。垂直多层种植提高了产值，但也增加了劳动强度，同时带来了登高作业的风险，需要有对应的智能装备解决该难题。

　　食用菌工厂化生产存在诸多问题，一个根本原因是该领域发展迅速，相关的智能装备理论及关键技术研究还不完善。相对欧美发达国家，食用菌工厂化生产在中国的研究起步较晚，国内多数食用菌工厂化生产设备的关键技术创新性较低，栽培工艺相对简单，这些都对食用菌产品生产成本带来一定的影响，食用菌产量和质量还有较大的提升空间，主要包括四个方面：在产业规模上，国内在不断调整产业结构，食用菌生产逐渐由传统的散户生产、小微企业向规模化龙头企业主导转型；在品种上，随着人们生活水平的不断提高，食用菌工厂化生产在品种上将向多菌类发展；在栽培方式上，探索不同的栽培温度，适宜食用菌栽培的

图 5-5　作者团队参与的食用菌垂直多层种植

温度范围也在不断扩大；在装备上，从相关装备依靠进口，逐步发展为以国产自主知识产权的装备为主，国外装备为辅。

另外，都市农业作为一种新兴的农业形态，按照"三生"（生活、生产、生态）的原则，为了实现在城市环境中用最少的资源生产最多的健康食物，将重点研究植物与人体健康的关系。食用菌在食用属性之外，观赏园艺的属性也渐渐被挖掘出来，逐步由厨房走进办公室，图5-6是用于装饰办公环境的食用菌。

图 5-6　用于装饰办公环境的食用菌

总而言之，食用菌作为一种被栽培了数千年的农业对象，在我国具有良好的群众基础。随着都市农业的快速发展，食用菌被赋予了新的使命，丰富了百姓的生活。工厂化农业技术的出现，赋予了食用菌新的生机，使得健康、优质、物美价廉的食用菌走进千家万户。智能化技术及装备的应用，必将让食用菌的明天更加美好。

第一节　筛选式食用菌采收机器人

食用菌采收是食用菌生产过程的难点，影响了食用菌的品质，亟须采收环节的智能化来实现食用菌生产的跨越式发展。由于部分食用菌的出菌不同步，外观尺寸和颜色上差异明显，需要进行筛选式采收来提高食用菌的均一性，这就对食用菌采收机器人提出了具体需求。

食用菌采收机器人最早在英国开始研究，研究人员通过对食用菌外观进行图像信息采集和位置识别，实现了自动化收获。食用菌采收机器人完整的采收动作是将成熟的蘑菇识别和采摘后，准确地放入到采收车中，这一过程中，采摘机器人识别的准确性决定了采摘的质量，即要尽可能地降低采收的损伤率。图5-7是吸盘机械手用于机器人采收，图5-8是倾斜机械手用于机器人采收。

中国农业科学院、中国农业大学等农业科研单位也研制了新型的食用菌采收机器人并开展示范应用。

作者团队通过技术攻关、反复实验，成果突破了食用菌采收机器人关键技术，研制了柔性机械手食用菌采收机器人（如图5-9）。柔性手可通过内部充入

图5-7　吸盘机械手用于机器人采收

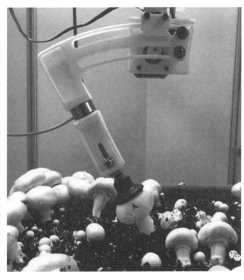

图5-8　倾斜机械手用于机器人采收

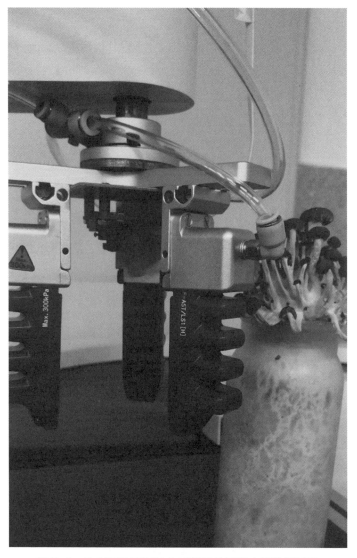

图 5-9　作者团队研制的食用菌采摘机器人柔性机械手

高压空气的形式，实现机械手的夹持部分弯曲夹紧，并通过调节高压空气的压力实现夹持力度的调节，避免损伤食用菌。图像的采集用到的摄像头内置在机械手三个爪的内侧正上方，实现了图像采集和机械手的一体化，准确定位并抓取食用菌。

　　食用菌采摘机器人作业时，首先将待采收食用菌放置在环形输送带上，机器人根据设定的采收标准，通过机器视觉自行筛选合格的食用菌，并将合格的食用菌挑选出来，夹持住后采下，按照需求自动装箱并码放整齐，如图 5-10 所示。

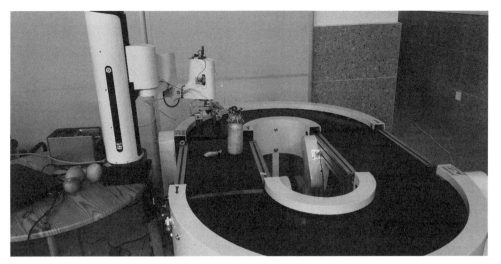

图 5-10 作者团队研发成功的蘑菇采摘机器人

　　垂直栽培将食用菌种在多层的架子上，食用菌采摘机器人采用移动式的结构，将机械臂伸到架子中，将符合标准的食用菌采集下来。然后自动分选，放入不同的包装箱。

第二节 无差别食用菌采收机器人

　　除了高品质的食用菌采收外，还有部分食用菌出菇的时间比较同步，出于低成本的需要不进行筛选，这就可以采用无差别食用菌采收机器人。该机器人多采用轨道小车的结构，横跨在食用菌的上方，通过快速移动剪切方式实现平推式采收，如图 5-11。采收后的食用菌通过侧方的出料口被排出，直接掉落到下方的输送带上，被输送到采收包装车间。

　　目前的工厂化生产多采用这种机器人进行食用菌的采收，由于该装备具有效率高、维护简单等特点，成为了主流的装备。但这种无差别的食用菌采收机器人采收作业时，采用简单方式作业，未对成熟的蘑菇进行识别，收获的食用菌大小不一，需要人工进行二次分拣以便提高采收的质量，这就增加了额外的成本。平推的采收方式在降低采收的损伤率方面非常困难，采收的食用菌质量必然受到了影响，这就影响了售价。

图 5-11 无差别食用菌采收机器人

综上所示，食用菌的两种采收机器人各有特点，要根据企业的实际需求，有针对性地开发适合企业自身的食用菌采收机器人，通过智能化技术，实现采收环节的精准化，推动食用菌栽培又好又快地发展。

第三节 食用菌估产系统

我国的食用菌工厂化生产是随着食用菌产业的不断发展而出现的具有现代农业特征的生产模式，从最初的农户手工作坊，到"企业＋农户"合作，最终向工厂化生产模式发展。经过多年的发展，由引进国外的半自动化、半机械化逐渐转变为高度的智能化、规模化、机械化。由于食用菌产业近 20 年来快速发展，配套的理论和算法研究存在脱节的问题，亟须进行技术突破。

农作物产量估计成为近年来的研究热点，主要原因是近年来全球气候变暖，生态环境遭受严重破坏，加上病虫害爆发及洪涝灾害愈演愈烈等问题，对粮食安全带来了新的挑战。及时、准确掌握食用菌产量动态信息，对于国家及时制定粮食安全战略和实施相应的生产、流通、储备、消费等方面具有重大意义。食用菌工厂化栽培环境为其自动估产作业提供了可能，但由于技术、成本等因素的限制，食用菌估产技术研究进展缓慢。相对而言，大田农业估产技术相对成熟，已经进入实质应用阶段。

目前大田作物估产手段主要分为传统和遥感两种方式。传统估产包括人工实地估产法、统计测报法、气象预报法和农学预报法等，其中，人工实地抽样虽然精度较高，但因所需成本高、耗时费力、人工误差不可避免等缺点，不适宜大范围面积应用。统计测报法是根据未来发展变化模拟粮食产量的一种数学统计关系模型，缺少主观因素的判断，且容易受天气条件的影响，导致预测精度存在误差。气象预报法由来已久，适合小范围（区域）预报产量，其精度较高，但在大面积农作物估产时会因为气象站数据和作物产量的空间外推问题以及不同区域天气差异变化而导致估产精度偏差较大。农学预报基于栽培经验估计出产量范围。上述方法均存在时效性等不足之处。

近年来随着遥感技术的快速发展，通过遥感技术平台开展大区域范围的农作物监测，是众多学者开展精准农业的重要途径（王嘉盼，2021）。在农业生产领域利用遥感技术手段获取地面作物表型信息，进行实时监测和实践应用成为目前最受欢迎的作物遥感监测平台。这些技术主要依靠卫星、无人机等装备采集大范围的农田信息，由于大田环境与食用菌生产环境之间存在较大差异，导致这些估产技术无法直接应用到食用菌生产方面。图 5-12 是小麦估产图像，图 5-13 是农作物估产技术示意图。

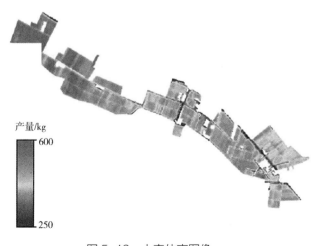

图 5-12　小麦估产图像

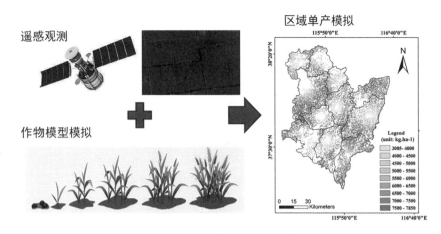

图 5-13　农作物估产技术示意图

随着智慧农业概念的提出，机器视觉在农业中的应用愈加广泛。该技术通过相机代替人眼进行识别和判断，获取作物生长信息，具有非接触性、实时性、自动化和高智能等优点。目前机器视觉在农产品的质量分级和检测、农产品自动采摘机器人、农产品生长过程监测等方面均有应用，可为实现食用菌无人化、智能化、精准化栽培提供关键的技术支撑，因此将机器视觉技术应用于食用菌估产是未来的发展趋势。

在食用菌识别方面，俞高红（2005）提出了一种分离单体食用菌的二维机器视觉算法，该算法估算每块食用菌的中心点，根据中心点搜索食用菌边界，对食用菌边界进行离散傅里叶变换，提高图像在各个方向的识别性能，从而实现单体食用菌的分离。王运圣（2010）提出一种使用模糊 C 均值聚类的二维机器视觉算法，使用蚁群算法对模糊 C 均值聚类算法中的参数进行优化，进而获取杏鲍菇的形态特征。徐振驰（2015）提出一种检测食用菌中发丝等异物的机器视觉算法，通过海森矩阵、SIFT 算法和 Lab 空间中的二值图像计算异物图像，实现了食用菌中发丝等异物的检测。还有学者提出一种提取食用菌特征的二维机器视觉算法，该算法将食用菌特征分为形状特征和纹理特征，运用边缘检测算法提取食用菌的形状特征，通过 HSY 色彩空间提取食用菌的纹理特征。总体来看，我国关于机器视觉在食用菌估产应用中的研究起步较晚，仅使用二维机器视觉实现对食用菌的图像分割和靶标识别。

作者团队成果研制了可用于估产的食用菌机器人，通过机械臂内置的摄像头识别食用菌伞盖尺寸，结合机械臂内置的力传感器得出样本的准确重量，采用机器学习算法得出估产模型，自动修正食用菌估产的精度，实现食用菌的精准估产。该装置通过示范推广，取得较好的效果。

综上所述，食用菌估产未来需要研究的方向包括：

①针对工厂化栽培环境的食用菌识别开发和改进数学算法，有效提高食用菌识别精度。

②针对图像信息和实际食用菌产量直接建立高关联性的映射关系和模型，不断修正模型的精度和普适性，实现基于图像数据准确估产的目的。

第四节　本章小结

本章针对食用菌实际生产中采收是否一次性完成的特点，从筛选式采收和无差别采收两个方面介绍了筛选式食用菌采收机器人和无差别食用菌收获机器人两个部分，并介绍了作者团队的研究进展，并针对未来的发展需求，提出了食用菌估产系统的技术思路，为食用菌工厂化发展指明了方向。

第六章

发展趋势

第一节　产业趋势

　　农业作为第一产业，对于国民经济的快速发展具有重要基础和支撑作用。随着经济社会的快速发展，中国农业发展也呈现自身新的发展特点：一是农业逐步朝着智慧农业的方向发展，新型现代农业的发展格局初步形成；二是农业机械化逐步朝着智能农业装备的方向发展，补足农机装备短板逐渐成为共识；三是机器换人实现农业劳动力解放，成为促进乡村振兴发力点。图6-1是以机器人作业为

图6-1　以机器人作业为核心的未来农业作业场景构想

核心的未来农业作业场景构想。

收获机器人是个新兴的产业，将成为未来农业发展的核心。收获机器人符合农业发展需求，符合国家粮食安全战略，符合乡村振兴发展要求。收获机器人是时代发展的必然需求。

收获机器人是未来粮食安全的重要保障。在耕地保有量不变的大背景下，要实现粮食安全战略，就要向戈壁农业要食物，向沙漠农业要食物，向太空农业要食物，开发更多的获取食物的途径，更好地可持续利用新的条件（例如戈壁、沙漠等）更为苛刻的农业空间。要满足这一目的，就要充分挖掘农业机器人的潜能。

收获机器人是智慧农业发展的主要方向。智慧农业是农业发展的必然趋势，要更好地实现农业的智慧化生产，就要引入更加合理的农业智能装备，解决劳动力短缺的问题，其中收获环节需要大量劳动力，尤其是果园、设施环境中，对劳动力的依赖就更加明显，收获机器人的示范和应用，能有效解决收获效率低的生产瓶颈问题。

收获机器人是"天府粮仓"创新的科技支撑。2022年6月8日上午，习近平总书记在四川眉山市东坡区太和镇永丰村考察时强调，成都平原自古有"天府之国"的美称，要严守耕地红线，保护好这片产粮宝地，把粮食生产抓紧抓牢，在新时代打造更高水平的"天府粮仓"。建设"天府粮仓"首先要解决农业劳动力短缺问题，收获机器人是弥补劳动力的有效手段。

综上所述，收获机器人的规模化应用是时代发展的必然选择，是促进我国现代农业发展的有效手段，是乡村振兴的重要途径。重视并做好收获机器人工作，对于发展具有中国特色社会主义智慧农业具有重大意义。

第二节　发展建议

都市农业作为促进一产、二产、三产相互融合的新兴农业产业，是现代农业重点发展领域，正朝着功能新、起点高、有特色的方向发展。博览会成为都市农业集中展示的重要平台，世界园艺博览会等国际活动已经成为增进全球交流、文化成就与科技成果展示的重要途径。一些发达国家如荷兰、日本、英国等将都市园艺列为优先发展领域，在国民经济中的产值比重逐年递增，并将其作为文化输出重要载体来提高其国际影响力。我国的都市园艺产业发展迅速，正朝着高效、生态、特色化、多功能化的方向发展，已成为促进乡村产业振兴、城市绿色发展和宜居、宜游、宜业的重要途径。都市园艺科技创新有助于解决我国当前城市发展面临的人口密集、劳动力不足、资源环境压力等诸多问题。国家"十三五"规划纲要提出要加快发展都市现代农业。作者团队研究地点位于西南地区，生物资源多样，特色园艺林木品种丰富，无霜期长，自然条件非常适合发展都市园艺产业。中国农业科学院都市农业研究所位于成都市，更将"都市农业、数字农业和功能农业"作为现代农业发展的重点与特色，正在打造具有鲜明特色的都市园艺高新技术产业，为都市园艺产业高质量发展提供强劲动力和重要政策指引。

智能采收机器人研发已成为全球科技创新的聚焦点之一，它是工程技术、机械技术、自动控制技术、信息传感技术、计算机管理技术等的综合应用。都市园艺依托智能装备技术，可很好地摆脱自然条件束缚，充分利用信息化、智能化、数字化手段，高效利用设施工程、城市建筑空间，为城市食物供应体系和供给效率提升提供有效支撑。欧美国家先后确定了都市园艺智能装备的发展战略，纳入下一代新型城市和现代农业发展的重要内容。随着我国城市化进程加快，迫切需要把都市园艺智能装备产业发展作为重点，在具有感知、分析、决策、控制功能的都市园艺智能装备领域，鼓励深度融合先进制造技术、信息技术和智能技术，全面提升都市园艺智能装备水平。未来都市农业采收机器人研究将聚焦在基础研究与关键技术方面，全力突破一些瓶颈性问题，围绕这一趋势的研究，主要有以下建议：

①研究植物、环境和采收机器人交互机制，筛选和培育都市农业特有品种，形成成套工程技术与装备，支撑都市园艺紧跟国际前沿。

②研究园艺作物数据高通量采集、信息精准获取、在线监测和基于 AI 的智能控制等技术，提高采收机器人识别园艺作物特征的算法精度和稳定性，实现都市园艺智慧化生产和精准作业。

③围绕生产需求制定都市农业采收机器人作业安全规范等地方标准，实现采收机器人标准化作业。

④全力推进采收机器人研究成果的产品化，积极利用社会资本，吸引产业资本，利用创业平台的各种投资路演，通过科研成果孵化高科技公司，提升采收机器人的产品质量和创新性。

⑤构建产学研联合实验室，促进研究都市园艺智慧管控装备批量化生产工艺，实现技术服务产业。

综上所述，我国拥有的都市楼顶、阳台、室内等都市垂直闲置空间折合耕地面积可达 1 亿亩。未来可能超过 8 亿以上人口进入城市，他们对康养、休闲、景观、生态和食用等方面的需求十分强烈，如何结合都市近郊农业的用地环境条件特点，针对专有园艺品种研发适宜于城市空间的高效机器人技术装备，实现城市空间的农业高效利用，将是我国都市农业面临的重大机遇。

探索研究采收机器人关键部件的工艺流程，实现机器人性能提升，将全面提升我国都市农业智能装备的质量水平，整合本学科国内外优势的科研力量，利用多学科交叉和工程化技术优势，为农业机器人行业、企业发展提供理论、技术及产品研发支撑，有助于实现都市园艺装备质量水平达到国际一流。

探索产业上通过展示示范功能，导入城市资源，实现有限空间的可移动化栽培，提高都市及周边地区园艺产业生产效率、产品质量和附加值。同时，搭建都市园艺产品及科普展示平台，通过采收机器人等多种群众喜闻乐见的形式，接纳更多的城市居民走进、了解、学习、体验和参与都市农业，从而最大程度激发都市农业的科普价值、观赏价值、经济价值和生态文化价值，不断增强广大群众的幸福感和获得感。

通过采收机器人的产业化应用，最终实现国际一流园艺智能装备集中化、体系化、趣味化的科学展示，带动产业技术形象的整体提升，更好地满足人们对美好生活的向往。这也是科技工作者的终极目标。

第三节　本章小结

本章从产业趋势和发展建议两个方面进行总结分析，提出了关于未来采收机器人的发展方向和切入点，对于该领域的发展起到抛砖引玉的作用。

参考文献

艾长胜, 林洪川, 武德林, 等, 2018. 葡萄园植保机器人路径规划算法[J]. 农业工程学报, 34(13): 77-85.

白晓平, 王卓, 胡静涛, 等, 2017. 基于领航—跟随结构的联合收获机群协同导航控制方法[J].农业机械学报, 48(7): 14-21.

毕伟平, 张欢, 瞿振林, 等, 2016. 基于双目视觉的主从式果园作业车辆自主跟随系统设计[J]. 湖南农业大学学报(自然科学版)(3): 344-348.

陈冬梅, 韩文炎, 周贤锋, 等, 2021.基于自适应增强的BP模型的浙江省茶叶产量预测[J]. 茶叶科学, 41(4): 564-576.

陈军, 蒋浩然, 刘沛, 等, 2012. 果园移动机器人曲线路径导航控制[J]. 农业机械学报, 43(4): 179-182+187.

邓小明, 胡小鹿, 郑莜光, 等, 2022. 国家农业机械产业创新发展报告2022[M]. 北京: 机械工业出版社.

刁操铨, 1994. 作物栽培学各论[M]. 北京: 中国农业出版社.

丁永前, 王致情, 林相泽, 等, 2015. 自主跟随车辆航向控制系统[J]. 农业机械学报, 46(1): 8-13+7.

关卓怀, 陈科尹, 丁幼春, 等, 2020. 水稻收获作业视觉导航路径提取方法[J]. 农业机械学报, 51(1): 19-28.

韩振浩, 李佳, 苑严伟, 等, 2021. 基于U-Net网络的果园视觉导航路径识别方法[J]. 农业机械学报, 52 (1): 30-39.

黄梓宸, SUGIYAMA Saki, 2022. 日本设施农业采收机器人研究应用进展及对中国的启示[J]. 智慧农业(中英文), 4(2): 135-149.

贾士伟, 李军民, 邱权, 等, 2015. 基于激光测距仪的温室机器人道路边缘检测与路径导航[J]. 农业工程学报, 31(13): 39-45.

姜国权, 柯杏, 杜尚丰, 等, 2009. 基于机器视觉的农田作物行检测[J]. 光学学报, 29(04): 1015-1020.

乐晓亮, 2021. 番茄串的机器人采收方法研究与应用[D]. 广州: 华南理工大学.

李寒, 张漫, 高宇, 等, 2017. 温室绿熟番茄机器视觉检测方法[J]. 农业工程学报, 33(S1): 328–334+388.

李莉, 李民赞, 刘刚, 等, 2022. 中国大田作物智慧种植发展战略[J]. 智慧农业(中英文): 1–9.

李秋洁, 丁旭东, 邓贤, 2020. 基于激光雷达的果园行间路径提取与导航[J]. 农业机械学报, 51(S2): 344–350.

李玉道, 杜现军, 宋占华, 等, 2011. 棉花秸秆剪切力学性能试验[J]. 农业工程学报, 27(2): 124–128.

林伟明, 2005. 收获机器人成熟番茄视觉识别技术研究[D]. 镇江: 江苏大学.

刘成良, 2020. 专题导读——农业机器人与智能装备[J]. 智慧农业(中英文), 2(4): 7.

刘成良, 贡亮, 苑进, 等, 2022. 农业机器人关键技术研究现状与发展趋势[J]. 农业机械学报, 53(7): 1–22+55.

刘鸿飞, 黄敏敏, 赵旭东, 等, 2018. 基于机器视觉的温室番茄裂果检测[J]. 农业工程学报, 34(16): 170–176.

刘路, 潘艳娟, 陈志健, 等, 2020. 高遮挡环境下玉米植保机器人作物行间导航研究[J]. 农业机械学报, 51(10): 11–17.

刘伟洪, 何雄奎, 刘亚佳, 等, 2021. 果园行间3D LiDAR导航方法[J]. 农业工程学报, 37(9): 165–174.

刘星星, 张超, 张浩, 等, 2021. 最小二乘法与SVM组合的林果行间自主导航方法[J]. 农业工程学报, 37(9): 157–164.

吕继东, 赵德安, 姬伟, 2014. 苹果采摘机器人目标果实快速跟踪识别方法[J]. 农业机械学报, 45(1): 8.

吕军, 方梦瑞, 姚青, 等, 2021. 基于区域亮度自适应校正的茶叶嫩芽检测模型[J]. 农业工程学报, 37(22): 278–285.

罗锡文, 胡炼, 曾山, 等, 2013. 一种智能化株行间机械除草机: CN102612874B[P].

罗欣, 张唐娟, 廖剑, 等, 2021. 食用菌工厂化发展现状和趋势[J]. 农业开发与装备(1): 114–115.

马驰, 董子扬, 陈志军, 等, 2021. 基于根点替代的猕猴桃果园行间导航线生成方法研究[J]. 干旱地区农业研究, 39(5): 222–230.

马晓丹, 刘刚, 周薇, 等. 2013. 基于量子遗传模糊神经网络的苹果果实识别[J]. 农业机械学报, 44(12): 227–232.

马征, 李耀明, 徐立章, 2014. 收获期油菜茎秆表面浸润特性研究[J]. 农业机械学报, 45(6): 98–103.

孟庆宽, 何洁, 仇瑞承, 等, 2014. 基于机器视觉的自然环境下作物行识别与导航线提取[J]. 光学学报, 34(7): 180–186.

戚树腾, 聂森, 陈军, 等, 2015. 基于激光导航的果园移动机器人自动控制系统[J]. 农机化研究, 37(10): 8–12.

任烨, 2007. 基于机器视觉设施农业内移栽机器人的研究[D]. 杭州: 浙江大学.

尚凯歌, 2019. 茶叶采摘机器人机械结构设计及控制系统研究[D]. 长春: 长春理工大学.

施印炎, 汪小旵, 章永年, 等, 2018. 芦蒿有序收获机往复切割力影响因素试验与分析[J]. 中国农机化学报, 39(12): 46–53.

司永胜, 姜国权, 刘刚, 等, 2010. 基于最小二乘法的早期作物行中心线检测方法[J]. 农业机械学报, 41(7): 163–167+185.

宋宇, 刘永博, 刘路, 等, 2017. 基于机器视觉的玉米根茎导航基准线提取方法[J]. 农业机械学报, 48(2): 38–44.

孙肖肖, 牟少敏, 许永玉, 等, 2019. 基于深度学习的复杂背景下茶叶嫩芽检测算法[J]. 河北大学学报(自然科学版), 39(2): 211–216.

孙艳霞, 陈燕飞, 金小俊, 等, 2022. 名优绿茶智能化采摘关键技术研究进展[J]. 包装与食品机械, 40(3): 100–106.

唐梦瑜, 么越, 荣丹, 等, 2022. 食用菌育种技术的研究进展[J]. 中国食用菌, 41(8): 1–6+10.

汪琳, 2020. 基于SCARA机械手的采茶机器人研究[D]. 合肥: 中国科学技术大学.

王丹丹, 徐越, 宋怀波, 等, 2015. 融合K-means与Ncut算法的无遮挡双重叠苹果目标分割与重建[J]. 农业工程学报, 31(10): 8.

王海青, 2012. 黄瓜收获机器人视觉系统的研究[D]. 南京: 南京农业大学.

王海青, 姬长英, 顾宝兴, 等, 2013. 基于参数自适应脉冲耦合神经网络的黄瓜目标分割[J]. 农业机械学报, 44(03): 204–208.

王嘉盼, 2021. 基于无人机影像和生理指标的小麦估产模型研究[D]. 乌鲁木齐:

新疆农业大学.

王鹏新, 乔琛, 李俐, 等, 2012. 基于Shapley值组合预测的玉米单产估测[J]. 农业机械学报, 52(9): 221–229.

王铁伟, 赵瑶, 孙宇馨, 等, 2020. 基于数据平衡深度学习的不同成熟度冬枣识别[J]. 农业机械学报, 51(S01): 8.

王新忠, 韩旭, 毛罕平, 等, 2012. 基于最小二乘法的温室番茄垄间视觉导航路径检测[J]. 农业机械学报, 43(6): 161–166.

王艳红, 罗锡文, 2020. 智慧农业是中国农业未来的发展方向[J]. 农业机械(7): 62–63.

王运圣, 赵京音, 郭倩, 等, 2010. 杏鲍菇形态特征获取的图像分割算法[J]. 农业网络信息, (1):15–18.

王振忠, 鲁森, 卢兵友, 2022. 中英智慧农场科技创新合作现状和建议[J]. 中国农村科技(7): 59–61.

吴丛磊, 2019. 基于多源信息融合的果园拖拉机自主驾驶系统研究[D]. 南京: 东南大学.

吴刚, 谭彧, 郑永军, 等, 2010. 基于改进Hough变换的收获机器人行走目标直线检测[J]. 农业机械学报, 41(2): 176–179.

伍同, 2018. 基于机器视觉的水稻行识别与定位研究[D]. 广州: 华南农业大学.

熊斌, 张俊雄, 曲峰, 等, 2017. 基于BDS的果园施药机自动导航控制系统[J]. 农业机械学报, 48(2): 45–50.

徐越, 李盈慧, 宋怀波, 等, 2015. 基于Snake模型与角点检测的双果重叠苹果目标分割方法[J]. 农业工程学报, 31(1): 8.

徐振驰, 纪磊, 刘晓荣, 等, 2015.基于显著性特征的食用菌中杂质检测[J]. 计算机科学, 42(S2): 203–205+217.

薛金林, 董淑娴, 范博文, 等, 2018. 基于信息融合的农业自主车辆障碍物检测方法[J]. 农业机械学报, 49(S1): 29–34.

薛金林, 张顺顺, 2014. 基于激光雷达的农业机器人导航控制研究[J]. 农业机械学报, 45(9): 55–60.

杨其长, 2011. 植物工厂与垂直农业及其资源替代战略构想[J]. 文明(3): 8–9.

俞高红, 赵匀, 李革, 等, 2005. 基于机器视觉的蘑菇单体检测定位算法及其边界描述[J]. 农业工程学报(6): 101–104.

张靖祺, 2019. 基于机器视觉温室番茄成熟度检测研究[D]. 泰安: 山东农业大学.

张俊, 2019. 面向工厂化褐菇种植的智能蘑菇采摘机器人设计[D]. 南京: 南京农业大学.

张振乾, 李世超, 李晨阳, 等, 2021. 基于双目视觉的香蕉园巡检机器人导航路径提取方法[J]. 农业工程学报, 37(21): 9-15.

张志斌, 罗锡文, 周学成, 等, 2007. 基于Hough变换和Fisher准则的垄线识别算法[J]. 中国图象图形学报(12): 2164-2168.

张智浩, 朱立学, 林桂潮, 等, 2022. 名优茶采摘末端执行器关键技术研究进展[J]. 现代农业装备, 43(3): 7-12.

赵春花, 2017. 山地牧草机械化收获关键技术及装备的研发与示范推广[D]. 兰州: 甘肃农业大学.

赵春江, 2019. 智慧农业发展现状及战略目标研究[J]. 智慧农业, 1(1): 7.

赵启辉, 2013. 分蘖期淹涝胁迫对水稻农艺和品质性状及生理特性的影响[D]. 南昌: 江西农业大学.

周砚钢, 陈莹燕, 2020. 食用菌工厂化栽培中的自动化包装技术[J]. 中国食用菌, 39(8): 75-78.

周云山, 李强, 李红英, 等, 1995. 计算机视觉在蘑菇采摘机器人上的应用[J]. 农业工程学报(4): 27-32.

朱忠祥, 宋正河, 谢斌, 等, 2009. 拖拉机队列自动控制系统[J]. 农业机械学报, 40(8): 149-154.

ABDELKRIM A, LHOUSSAINE M, MOHAMED E A, 2022. A calibration method of 2D LIDAR-Visual sensors embedded on an agricultural robot[J]. Optik, 249: 16825.

ASTRAND B, BAERVELDT A J, 2006. A vision based row-following system for agricultural field machinery[J]. Mechatronics, 15(2):251-269.

ASTRAND H, 1984. Parachute canopy: US04487384A[P].

BAYAR G, BERGERMAN M, KOKU A B, et al., 2015. Localization and control of an autonomous orchard vehicle[J]. Computers and Electronics in Agriculture, 115:118-128.

BJÖRN Å, BAERVELDT A J, 2016. A vision based row-following system for agricultural field machinery[J]. Mechatronics, 15(2): 251-269.

CHEEIN F A, STEINER G, PAINA G P, et al., 2011. Optimized EIF-SLAM algorithm for precision agriculture mapping based on stems detection[J]. Computers and Electronics in Agriculture, 78(2): 195–207.

CHEN Y T, CHEN S F, 2020. Localizing plucking points of tea leaves using deep convolutional neural networks[J]. Computers and Electronics in Agriculture, 171.

GAI J Y, XIANG L R, TANG L, 2021. Using a depth camera for crop row detection and mapping for under–canopy navigation of agricultural robotic vehicle[J]. Computers and Electronics in Agriculture, 188: 106301.

HIREMATH, HERJGEN, GERIE, et al., 2014. Laser range finder model for autonomous navigation of a robot in a maize field using a particle filter[J]. Computers and Electronics in Agriculture, 100: 41–50.

JIANG G Q, WANG Z H, LIU H M, 2015. Automatic detection of crop rows based on multi–ROIs[J]. Expert Systems With Applications, 42(5): 2429–2441.

KELMAN, LINKER, 2014. Vision–based localisation of mature apples in tree images using convexity[J]. Biosystems Engineering, 118: 174–185.

KNEIPFER R R, 1992. Sonar Beamforming–An Overview of Its History and Status.

KONDO N , MONTA M , TING K C, et al., 1997. Harvesting Robot for Inverted Single Truss Tomato Production Systems[C]// International Workshop on Robotics & Automated Machinery for Bio–Production.

LI Y T, HE L Y, JIA J M, et al., 2021. In–field tea shoot detection and 3D localization using an RGB–D camera[J]. Computers and Electronics in Agriculture, 185: 106149.

MARK H J, JAMIE B, DANIEL D, et al., 2019. Design and testing of a heavy–duty platform for autonomous navigation in kiwifruit orchards[J]. Biosystems Engineering, 187: 129–146.

NAGHAM S, TOBIAS L, CHERYL M, et al., 2015. Orchard mapping and mobile robot localisation using on–board camera and laser scanner data fusion–Part A: Tree detection[J]. Computers and Electronics in Agriculture, 119: 254–266.

NOGUCHI N, WILL J, REID J, et al., 2004. Development of a master–slave robot system for farm perations[J]. Computer and Electronies in Agriculture, 44(1): 1–19.

OSCAR C, MIZUSHIMA A, ISHII K, et al., 2007. Development of an autonomous navigation system using a two–dimensional laser scanner in an orchard application[J].

Biosystems Engineering, 96(2): 139–149.

PIETER M B, KOEN B, FRITS K, et al., 2019. Robot navigation in orchards with localization based on Particle filter and Kalman filter[J]. Computers and Electronics in Agriculture, 157: 261–269.

TUAN L, JON G O G, Pål J F, 2019. Online 3D Mapping and Localization System for Agricultural Robots[J]. IFAC PapersOnLine, 52(30).

WACHS J P, STERN H I, BURKS T, et al., 2010. Low and high–level visual feature–based apple detection from multi–modal images[J]. Precision Agriculture, 11(6): 717–735.

WANG T, ZHANG K, ZHANG W, et al., 2021. Tea picking point detection and location based on Mask–RCNN[J]. Information Processing in Agriculture, 10: 1016.

XU W , ZHAO L , LI J , et al., 2022. Detection and classification of tea buds based on deep learning[J]. Computers and Electronics in Agriculture, 192: 106547.

ZHANG J , CHAMBERS A, MAETA S, et al., 2013. 3D Perception for Accurate Row Following: Methodology and Results.IEEE/RSJ International Conference on Intelligent Robots and Systems (IROS) November 3–7, 2013[C]. Tokyo: 5306–5313.

ZHANG P, XU L, 2018.Unsupervised Segmentation of Greenhouse Plant Images Based on Statistical Method. Sci Rep[J]. Mar 13; 8(1): 4465. doi: 10.1038/s41598–018–22568–3. PMID: 29535402; PMCID: PMC5849718.

ZHANG X, GEIMER M, NOACK P O, et al., 2010. A semi–autonomous tractor in an intelligent master–slave vehicle system[J]. Intel Serv Robotics, (3): 263–269.

ZHANG X, LIU X X, LI S X , et al., 2019. Greenhouse Intelligent Recognition and Replanting Control System based on Machine Vision[R]. 2019 ASABE Annual International Meeting.(doi:10.13031/aim.201901021).

作者团队构建的丘陵山区水稻无人收获示意图

作者团队构建的丘陵山区油菜无人收获示意图

柑橘采摘机器人

番茄采摘机器人

狝猴桃采摘机器人

苹果采摘机器人

荷兰的黄瓜采摘机器人

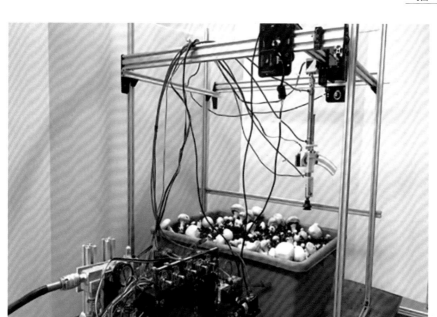

基于机器视觉的双孢菇采摘机器人

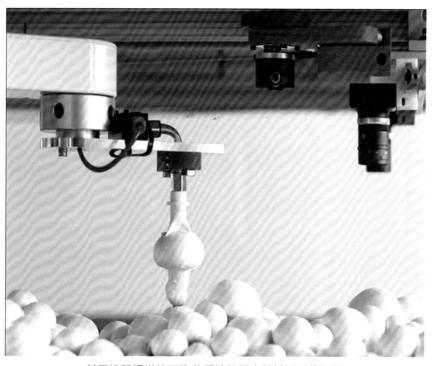

基于机器视觉的双孢菇采摘机器人机械手采收场景

作者使用的市场上成熟的收获机平台

北斗卫星定位系统测试

作者搭建无人收获系统用到的配件

自动行走教学演示系统

粮油机器人算法测试装置

水果采收机器人机械手

水果采收机器人

作者团队研发的丘区柑橘采收机器人

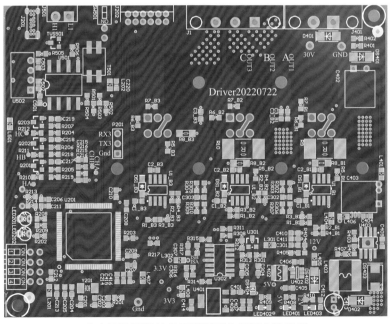

作者团队研发的丘区柑橘采收机器人控制板

作者团队自主研发的柑橘采收机器人田间示范

机器人仰视角度获取的柑橘信息

机器人水平视角获取的柑橘信息

采摘搬运机器人实物图

作者团队研发的多机械臂茶叶采收机器人实物

国内研发的采收机器人

作者团队开发的采摘机器人移动底盘

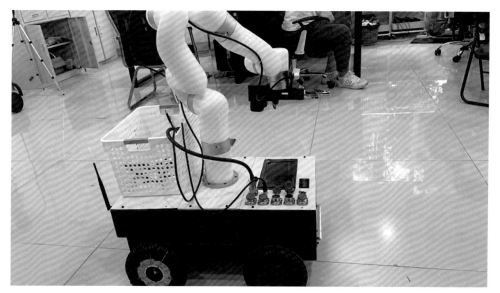

作者团队研发的番茄采摘机器人

中国农民丰收节中作者团队打造的垂直农业博览会场景

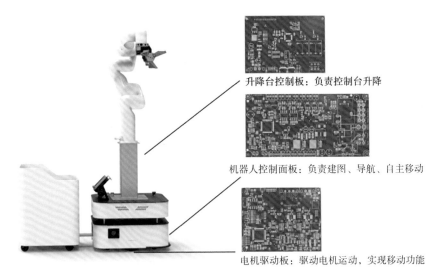

升降台控制板：负责控制台升降

机器人控制面板：负责建图、导航、自主移动

电机驱动板：驱动电机运动，实现移动功能

作者团队研发的垂直农业蔬菜采摘机器人

作者团队开发的生菜采收机器人

自然栽培和工厂化栽培示意图

姬松茸垂直栽培

黄背木耳垂直栽培

作者研制的蘑菇采摘机器人柔性机械手

作者研制的蘑菇采摘机器人

适合机器人采收的食用菌标准化栽培工艺

智能装备集中控制场景

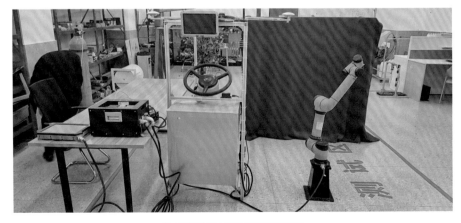

作者负责的实验室测试场景